U0252652

环境经济学
价值评估方法与应用

喻雪莹　钟　铧　编著

科学出版社

北京

内 容 简 介

当代环境经济学的基础内容由环境品价值评估和环境政策机制设计两部分组成。前者旨在为市场交易稀缺或缺失条件下，合理评估各项环境质量和生态服务的经济价值提供理论基础；并在此基础上，为社会规划者选择最优的污染控制水平、生态修复水平、碳减排水平等主要环境管制目标提供理论依据。后者是在前者的基础上，分析如何选取和"嫁接"多种经济政策手段，以达成上述最优环境管制目标。本书聚焦于前一个主题，即环境品价值评估。我们借鉴国内外相关领域的最新研究成果，分别介绍了特征价格法、旅行成本法等基于揭示性偏好的价值评估方法，以及条件价值评估法、离散选择实验法等基于陈述性偏好的价值评估方法。相应章节不仅阐释了各评估方法的理论基础，还借助相关案例，介绍了如何在实践中应用各方法进行环境品价值评估。在前述评估方法的基础上，本书最后一章介绍了如何综合评判一个环境保护项目所涉及的多项环境和非环境价值，并对环境政策的取舍提出了经济建议。

本书可作为"环境经济学"课程的主要教材或辅助教材之一，服务于本科高年级学生和相关领域的研究生。

图书在版编目（CIP）数据

环境经济学: 价值评估方法与应用/喻雪莹，钟铧编著. —北京: 科学出版社，2024.1

ISBN 978-7-03-071716-0

Ⅰ.①环… Ⅱ.①喻… ②钟… Ⅲ.①环境经济学-高等学校-教材 Ⅳ.①X196

中国版本图书馆 CIP 数据核字（2022）第 033913 号

责任编辑：方小丽/责任校对：贾娜娜
责任印制：张 伟/封面设计：蓝正设计

科 学 出 版 社 出版

北京东黄城根北街 16 号
邮政编码：100717
http://www.sciencep.com

北京厚诚则铭印刷科技有限公司 印刷
科学出版社发行 各地新华书店经销
*
2024 年 1 月第 一 版 开本：787×1092 1/16
2024 年 1 月第一次印刷 印张：7 3/4
字数：160 000

定价：48.00 元
（如有印装质量问题，我社负责调换）

随着中国经济快速发展和城镇化的快速推进,环境问题逐渐成为当前我国社会发展的主要挑战之一,生态环境保护任务依然艰巨。党的十九大报告指出"建设生态文明是中华民族永续发展的千年大计"[①]。党的二十大报告进一步指出:"我们坚持绿水青山就是金山银山的理念,坚持山水林田湖草沙一体化保护和系统治理,全方位、全地域、全过程加强生态环境保护,生态文明制度体系更加健全,污染防治攻坚向纵深推进,绿色、循环、低碳发展迈出坚实步伐,生态环境保护发生历史性、转折性、全局性变化,我们的祖国天更蓝、山更绿、水更清。"[②]因此,实现人与自然和谐共生的现代化发展是中国式现代化、全面推进中华民族伟大复兴的重要使命任务之一。

资源环境约束趋紧、环境污染加剧等问题是全球各国都面临的经济发展、可持续发展问题。为应对环境与生态问题的挑战,环境经济学家拓展经济理论,结合环境科学等领域的相关知识,建设环境经济独有的概念、理论和方法,以期解决资源环境公共品的稀缺性和市场失灵等问题。总体上看,环境经济学的教学和研究可以拆分为两个相对独立,但又紧密关联的逻辑模块。在第一个逻辑模块中,我们要借助相关理论,在市场缺失的条件下,合理评估各项环境品和生态服务的经济价值。只有在明确上述价值后,政策制定者才能明确环境保护的合理水平。在明确了这一水平后,环境经济学家还会在第二个逻辑模块中讨论如何设计好的环境经济政策,以有效实现上述环境保护的合理水平。本书主要针对第一个逻辑模块展开叙述。对第二个逻辑模块感兴趣的读者,我们推荐上海交通大学安泰经济与管理学院尹海涛教授所编著的《环境经济政策》一书。

世界上有千万种商品和服务,为什么我们要针对环境质量和生态服务特别设计价值评估方法呢?这是因为,绝大多数环境品和生态服务不能在市场中进行交易,因而,我们无法通过市场机制揭示其价值,也就是经济学中讨论的市场缺失问题。假想,如果我们有一个类似股票交易大厅的场所,或类似电商平台的机制可以在其中买卖干净的空气,经济学家就可以用市场中干净空气的价格来评估优质空气环境的价值,而本书所讨论的非市场价值评估方法将不再适用。但是,现实中绝大部分环境品和生态服务如同干净空气一样,不能在某个具体的市场机制中进行交易,而明确它们的价值又是有效设计环境政策的先决条

① 《习近平:决胜全面建成小康社会 夺取新时代中国特色社会主义伟大胜利——在中国共产党第十九次全国代表大会上的报告》,https://www.gov.cn/xinwen/2017-10/27/content_5234876.htm?eqid=f973933b002c2bb9000000036458d4e0,2024-01-04。

② 《习近平:高举中国特色社会主义伟大旗帜 为全面建设社会主义现代化国家而团结奋斗——在中国共产党第二十次全国代表大会上的报告》,https://www.gov.cn/xinwen/2022-10/25/content_5721685.htm,2024-01-04。

件。因而，在环境经济学的研究和实践中，掌握环境价值的评估方法就成了不可或缺的技能之一。作为"环境经济学"课程的主要教材和辅助教材，本书的目标即是介绍和扩展环境品价值评估的原理和测度方法，服务于环境经济和能源经济方向本科高年级学生和相关领域研究生。

本书共分为三个模块。第一模块为第 1 章"环境品的价值"，主要介绍了环境品价值评估的基本概念、经济学原理和测度方法。第二模块为环境品价值评估的方法论介绍，包括第 2~4 章。第 2 章和第 3 章分别介绍了揭示性偏好法中最常用的两个方法，即特征价格法和旅行成本法；第 4 章"陈述性偏好法"主要介绍了条件价值评估法和离散选择实验法。第三模块为本书的最后一章"成本-收益分析"，主要介绍了如何应用环境品价值评估方法综合评判一个环境保护项目所涉及的多项环境和非环境价值，并提出环境政策建议。

本书在编写时践行"以科研为导向"的教研理念，重点突出环境经济理论与真实环境政策案例融合，这使得本书具有以下两个特色。第一，本书始终重视环境品价值评估方法背后的经济学原理和经济学方法。本书强调通过微观经济理论理解环境品的市场价值和非市场价值，聚焦环境品价值测度背后的经济含义，即支付意愿和受偿意愿，以及探讨如何采用经济学分析方法开展环境品价值评估。第二，本书以案例形式介绍环境品价值评估方法是如何在政策制定和环境项目评估中被应用的。本书将国内外相关领域的经典文献、真实数据和前沿成果综合成教学案例，重点介绍了环境政策和环境品价值评估的理论模型和实证模型，以及环境项目评价的具体实施步骤。通过对本书的学习，学生不仅可以学习经济学工具在环境问题中的扩展应用，还可以通过学术案例了解环境经济学家是如何具体开展环境品价值评估工作的。

本书编写过程中，北京航空航天大学经济管理学院博士研究生张丽忠和硕士研究生操京祝参与了校对、文献整理以及格式整理等工作。本书在编写阶段大量参考了前人学者撰写的经典教材和文献。在此，作者特别感谢同行和同事对本书在编写时提供的帮助和意见，同时感谢北京航空航天大学低碳治理与政策智能实验室（Lab for Low-carbon Intelligent Governance，LLIG）平台的支持。在教材编写过程中，由于作者水平有限，书中难免存在局限与不足，恳请各位同仁、学生和读者批评指正。

本书在研究和编写过程中，得到了以下项目资助：国家自然科学基金项目（项目号：71873013、71903011、72273010、72021001），北京航空航天大学校级教材立项项目（《环境经济学》），北京航空航天大学国家级一流本科课程"能源经济学"和"微观经济学"建设项目，北京航空航天大学国家级一流本科专业"能源经济"建设项目，以及北京航空航天大学国际学生教育管理能力建设项目，在此表示感谢！

喻雪莹　钟　铧

2024 年 1 月

目录

第 5 章

第1章

环境品的价值

【引例】

1989 年 3 月 24 日，埃克森公司（Exxon）的一艘名叫瓦尔迪兹号（Valdez）的油轮在美国阿拉斯加州水域的威廉王子湾（Prince William Sound）触礁，1100 万加仑石油倾洒海面，这是美国历史上最严重的一次海上石油泄漏事件。尽管漏油事件发生后，埃克森公司和志愿环保组织在第一时间进行了必要的清污工作，但仍然无法避免其造成的环境灾害后果。据世界自然基金会（World Wildlife Fund，WWF）统计，事故发生后的短短几天内，就有 25 万只海鸟，4000 只海獭，250 只秃头鹰和 20 多头虎鲸死亡。直至 2001 年，海洋生物学家瑞奇奥特仍然在威廉王子湾的海滩上观察到了油污渗出的迹象。同年，美国联邦政府的一项调查结果显示，威廉王子湾一半以上的海滩表面及其地下区域仍有油污残留。尽管目前的科学研究对地下油污消解速度的估计不尽一致，但按照较为保守的估计，瓦尔迪兹号泄漏的油污仍需数十年，甚至上百年才会完全消失。在这一漫长的生态恢复过程中，威廉王子湾作为一处自然观光景区，其旅游休闲价值已不复存在。而且，由于商业鱼类资源遭受严重破坏且迟迟不能恢复，当地渔业和相关产业的收入锐减。一些科学家甚至相信，瓦尔迪兹号漏油事件中倾泻到海洋内的有毒化学物质彻底破坏了这一海洋生态系统中的食物链结构，以致其恢复毫无希望。

相较于漏油事件导致的整体损失，各当事方更关心如何确定这一事件的损害责任，以及相关责任方应承担的合理损失赔偿数额。截至 1991 年，埃克森公司已支付了 20 多亿美元用于清理油污，其中约 10 亿美元用于栖息地保护和生态重建，5 亿多美元用于补偿当地渔民和土地所有者的商业利益损失。埃克森公司认为，它已经尽到了应尽的责任。但是，阿拉斯加当地居民对这样的赔偿并不满意。从渔民、罐头厂工人到当地普通居民，共计 3.2 万人提起了集体诉讼，要求埃克森公司从

1994 年 5 月开始，在 10 年内，每年支付 9 亿美元的损失赔偿。为了在这场昂贵的环境诉讼中维护各自的利益，诉讼双方分别雇用专业团队，对瓦尔迪兹号漏油事件造成的环境损害提出了具有极大分歧的估算结果，且始终无法达成一致。经过时间跨度长达 15 年的多轮上诉，美国阿拉斯加州联邦初审法院才在 2004 年 1 月 28 日结束了对这一案件的审理。法院裁定，埃克森美孚公司①应支付 45 亿美元的罚金和这 15 年中产生的约 20.5 亿美元的利息，共计 65.5 亿美元。这笔钱将分配给受瓦尔迪兹号漏油事件影响的渔民、因纽特人、土地所有者、小企业主和当地其他居民。

■ 1.1 为什么要评估环境品的价值

"为什么要评估自然环境的价值？""山川、河流本无价！"在一些环保人士看来，天然的山川、河流，广袤的草原，充满灵性的珍稀动物，甚至稀有的矿物资源，这些大自然对人类的恩赐都是无价的瑰宝。因此，任何试图对这些环境品（environmental goods）进行货币性价值评估的努力都是徒劳的，甚至是不正义的。比如，环保主义者常常会提出这样的论点：因为人的生命是无价②的，所以我们应该不惜一切努力确保人类的生存环境（包括清洁的空气、水源和土壤）不受污染。

但是，环境保护从来就不是这样一件显然和简单的事情，它不仅意味着环境质量的改善，也暗含着为了实现这种改善所必须付出的代价，二者在实践中无法分割。比如，为了改善空气质量，我们可能不仅要在各类排污口安装烟气回收设备，进行减排投资，甚至可能需要关停一些污染企业，导致当地就业机会缩减。那么，改善空气质量的主张就和这些污染企业的利益产生了矛盾，也和因为企业关停而失去工作的工人的生计主张产生了矛盾。比如，为了实施三江源水源保护项目，政府需要从财政资金中划拨一笔款项，而这笔公共财政款项如果不是用来进行水源保护，或许可以被用于资助农村基础教育，帮助更多的失学女童重返校园。此时，我们又该如何平衡环境保护和失学女童的受教育机会呢？我们经常面临这样两难的选择。因此，争议的焦点往往并不在于保护环境本身好不好，而在于我们应该如何在环境保护和其他经济利益之间进行取舍。没有人喜欢空气污染，也没有人会单纯反对治理大气污染这样义正词严的说法。但是，如果空气质量的改善必须以关停污染企业或是减少公共教育投资为前提呢？

这种两难选择实际上反映了经济学中的经典主题，即资源的稀缺性。相对于人类近乎无限的需求，能满足这些需求的资源总是有限的。人们既想要好的环境质量，又想要快速发展的工业经济，和由此带来的充分就业、日益增长的社会福利；但是，我们所拥

---

① 1999 年，埃克森公司与 Socony-Vacuum Oil 公司合并。合并后的公司更名为埃克森美孚公司。
② 关于人的生命价值，我们将在第 2 章开辟专门段落讨论。

有的能够用以支撑经济快速发展的自然资源和环境承载能力却是非常有限的。在稀缺条件下，如何在多重需求之间有效地分配稀缺资源是经济学最重要的任务之一。

因此，环境经济学家的主要工作之一，就是在给定上述特定的稀缺矛盾时，研究如何确定最优的环境保护水平。环境经济学家并不赞同通过无限努力彻底清除一切环境污染和环境风险的做法。他们认为，过度的环境保护也是对社会资源的一种浪费。相反，一个最优的、经济上有效率的决策一定是平衡了环境保护能够带来的社会福祉，以及实施环境保护所需要投入的社会成本。也就是说，合理的环境保护应该使得在该程度上，环保的社会边际收益等于社会边际成本。

那么，为了合理制定环境政策，我们就需要科学有效地测度这些收益和成本。比如，为了明确某市是否应该采取大气环境保护的政策措施，以及在多大程度上和范围里实施这些措施，我们不仅要评估采取这些污染减排措施所要付出的技术升级、产量限制和失业率上升等经济损失成本，也需要合理评估该市空气污染减排，或者说更好的空气质量所能够带来的社会收益。有一点值得说明的是，环境经济学中，一般把环境治理的社会收益等价于缺少这种治理努力时所产生的环境损害，这是一对毋须厘清的对偶概念。

对于实施污染减排所需要付出的经济成本，我们较容易估算。这是因为技术、设备和工人劳动时间都有相对明确的市场价格，计算污染减排的成本原则上只需要估计上述要素的投入量，乘以其价格，再进行加总即可。环境质量改善的收益则往往体现为人们更好的健康状况，更愉悦的旅行体验，以及更大程度的心理满足，这些对象都无法通过市场机制进行交易，当然也没有明确的货币化市场标价，如何客观地评估其价值就成为制约环境政策制定的主要瓶颈之一。

对于一般价值度量，经典经济学中的效用理论已经提供了一个完备的逻辑框架。具体而言，效用理论认为，一件商品的价值就是人们在给定收入水平下，为了获得这一商品而愿意放弃的货币等值，即支付意愿（willingness to pay，WTP）。因此，在市场环境中，我们可以观察不同价格，以及在不同价格下的购买行为，并以此为基础推导价格和商品需求量间的一对一关系（需求曲线），进而推断消费者对每一单位商品的支付意愿，即价值评价。但是，对于绝大部分无法通过市场机制进行交易的环境品，如环境质量改善，这种基于市场需求曲线的价值评估并不可行，因为我们很难找到交易环境品的市场。以空气污染和水污染为例，我们当然知道洁净的空气和水体对于人类和其他生物体的健康生存尤为重要，我们可能也很享受在有着清新空气和清澈小溪的自然公园中度假的时光，我们甚至很可能发自内心地愿意为更好的空气质量和水质进行支付。但遗憾的是，由于绝大多数环境品具有极强的公共品和共有品属性，除非人为构建，我们很难在自发条件下找到交易洁净空气和水体的市场。

在市场价格缺位的条件下，通过非市场手段对特定价值进行评估，往往会带来巨大的争议，就如同我们在瓦尔迪兹号漏油事件发生后所看到的那样，事故责任方和受害方就环境损害估值产生了重大分歧。作为经济学的一个分支，环境经济学发展过程中的一个重要任务就是在自然市场缺失的条件下，发展出其他可靠手段来度量环境品的价值，刻画环境保护的收益和成本曲线。这也是本书的基本主题。

■ 1.2　环境品价值的由来和分类

通过非市场手段评估环境品的价值，首先需要对其价值的来源进行准确定义。这一问题看似简单，实则在环境经济学界争论已久，它甚至涉及许多环境哲学和环境伦理学层面的讨论。综合现有关于环境品价值来源的流派观点，我们认为这些观点可以大致划分为两类：即其所认可的环境品价值是否来源于人类的主观评价。

一种比较极端的观点是生物中心主义（biocentrism），该观点认为，环境中的一切生命体（如所有动物和植物）都有其本身存在的内在价值（intrinsic value），该价值独立于人类的评判。动物保护运动所宣扬的动物福利和动物权利观点是这一流派的典型代表。他们认为，动物、植物和人类一样，平等地拥有生存的权利，而且这些价值不以人类的存在或人类的正面评价为基础。在这样的价值体系下，一些人类社会中通常被认为具有负面影响的生物体，比如艾滋病毒，也同样具有自身存在的内在价值。这是因为，即使艾滋病毒会给人体带来伤害，但病毒作为生命体本身所具有的内在价值仍需得到认定。当然，生物中心主义也分为强化和弱化的形式。强化的生物中心主义认为，任何单独的生命体都具有内在价值，因此应严格保护每一个生命体不受到伤害。弱化的生物中心主义则认为，我们应从整个生态系统的角度，而不是单个生命体的角度出发，考虑内在价值。因此，在能够维持物种群落持续繁衍的条件下，捕杀动物是可以接受的行为；如果上述捕杀能够帮助解决种群过度扩张导致的问题，我们甚至应该欢迎这样的行为。

与生物中心主义相反的另一类极端观点认为，环境品的价值只能存在于人类的价值评价体系中，也就是说，如果没有人类对环境品进行评价，或者全体人类共同认为一种环境品毫无价值，那么这样的环境品就没有价值。尽管很多环保主义者和环境生态学家坚持环境内在价值的观点，但在环境经济学的分析中，我们多数时候还是通过人类对环境品价值的判断来定义其价值。

那么，人们为什么会觉得环境品有价值呢？这又是一个多层次的体系。人类中心主义（anthropocentrism）认为，环境品之所以有价值，是因为它能够给人类带来工具价值（instrumental value），或者说使用价值（use value）。使用价值主要来源于四个方面。第一，生态环境系统中的某些产出可以直接被人类消费，或者作为原材料投入生产过程中；前者如野生鱼类，后者如能源与矿产资源等。第二，生态系统的很多部分具有自我净化的能力，因此可以帮助人类消解生活和生产过程中产生的废物，具有废弃物处理的价值。比如，在适当的范围内，大气环境可以消解工业生产带来的废气，水域环境可以承载一定量的生活垃圾。第三，人们通过垂钓、远足、观景、赏鸟等活动，可以从生态系统中获得很多愉悦的感受。我们能够从这些审美活动中得到感受，就如同我们聆听了一张好听的 CD，看了一场感人的电影，或是打理了一个好的发型一样，这些感受是同质的。因此，如果上述 CD、电影和理发服务是有价值的，那么能为我们带来审美感受的环境资源也是有价值的。第四，地球生态体系对于维持人类这一物种的存续具有重要价值。我们需要大气、海洋、土壤和河流生态系统的正常运行来确保地球环境适合人类生存。假想，如果大气的臭氧层完全消失，人类将无法生存；温室气体持续累积致使全球急速升温，我们将因此失去大量低海拔的栖息地。当然，当这样的假想变为现实，人类可能已经不复存在，因此更无法对生态系统的价值进行评估。但是，我们至少可以通过间接的手段来认识这部分价值，比如，通过估计皮肤癌发病率上升导致的社会成本的增加，来估计臭氧层缺失的代价，亦即大气臭氧系统的生态价值。

与人类中心主义相似，功利主义（utilitarianism）同样认为，环境品的价值来自人类的主观判断。但和人类中心主义不同的是，功利主义认为，人类对环境品价值的认可并不一定只源于其工具价值或使用价值，人们也可能仅仅知晓环境品存在就可以获得满足感，因此这一部分价值又被称为非使用价值（non-use value）或存在价值（existence value）。比如，对于一些濒危的珍稀野生动物，很少有人可以亲手触摸或是亲眼看到它们，但很多环保人士乐于为保护这些濒危动物捐款，他们仅仅知道这些濒危动物种群依然存续就可以获得满足感。这样的满足感，或者说效用，一定是缘起于非使用价值，而不是使用价值。

人们认可环境品的非使用价值可能出于很多不同的动因。

第一，尽管现今人们无法直接享用某种环境品，或是无法确切地知道某种环境品的用途，但维系这些环境品的存在可以为将来某个时点上使用它们提供可能；也就是说，对环境品赋予非使用价值的一个考虑是，人们可以因此保留面对未来需求不确定性时的一种选择权，所以，以此延伸出来的非使用价值常常也被称为期权价值（option value）。期权价值的最好例证是通过维持生物多样性来保留生物基因多样性的价值。每个物种都可能携带着现今人类无法判断如何利用的独有遗传基因。在未来，我们可能可以利用这些基因开发药物，或者发展仿生科技，以此增进人类社会的福祉。比如，世界卫生组织的统计数据表明，人类超过一半的药物来源于自然资源，超过 3000 种抗生素是由微生物产生的。类似地，鸟类的飞行运动特征提供了开发飞行器技术的基础模板；理解动物的通信方式促成了雷达、声呐系统的开发。在未来，我们仍将面临巨大的医学和科技挑战，维持生物多样性可以为人类应对挑战提供不可替代的解决方案。因此，即使这些基因的价值现在仍未可知，但携带并维持这些基因存续的多样性生物群落仍然是人类的宝贵财富。

第二，人类可能出于对后代福祉的考虑，希望维持环境系统的健康状态，因此，这种价值评判也常常被称为遗产价值（bequest value）。遗产价值与当代人类对环境品的使用也没有必然联系，但是他们乐意对健康的环境生态系统赋予价值，给予保护，使现存和将要来到这个世界上的所有生命能够持续地利用环境资源。可持续发展理念是环境品遗产价值的最好体现。半个世纪前，环境学家 Leopold 就提出，评价一项环境政策的重要标准之一就是看其是否会有利于保护生态系统的完整性。因此，渔业中的适当捕捞是可接受的，但过度捕捞就是不可接受的；林业中的适当砍伐是可接受的，但过度砍伐就是不可接受的。更晚近的研究中，可持续性被定义为，人类应该以长期内不损害环境健康为度，开发和利用环境资源。在可持续性原则指导下，布伦特兰委员会提出了可持续发展的概念，即人类社会应该遵循一条既能满足当前人们的需要，又不损害未来代际的满足其自身需要的发展路径。这是一种令人振奋的理想，但其在实施过程中却面临极大的争议，争议的焦点在于如何判断未来代际的福祉是否受到损害。强可持续性原则的支持者认为，当前代际的人们无法预知或评测未来代际对自然资源和环境生态系统的使用目的和偏好，因此，当前代际的人也无从知道人造资本在何种程度上可以替代自然资本，所以我们应该以最严格的标准来维持环境生态系统的原初状态。比如，因为我们无法预知，在未来代际，煤炭、石油和天然气除了作为能源资源外，是否还可以以其他形式被开发利用，所以我们也不应该以自身偏好来判断快速发展的节能技术和可再生资源对传统石化能源的替代程度。与此相对的是弱可持续性原则。其支持者接受人造资本和自然资本间的相互替代性，认为如果消费自然资本能够帮助我们积累足够多的人造资本，从而使得未来代际从消费这两种资本中获得的总效用水平不致下降，则人类社会仍然处于可持续发展的路径上。事实上，强调人造资本和自然资本间的完全不可替代性和完全可替代性，这两种观点都过于极端。一方面，人类社会几乎不能在完全不消费不可再生资源的基础上维系和繁衍，如果坚持这两种资本完全不可替代，那么可持续性和可持续发展就是毫无意义的概念。另一方面，人造资本对自然资本的替代程度显然是有限的。不管制造多少机器，创造多少发明，人类可能也无法完全弥补生物多样性降低带来的损失，也无法创建一个人造大气环境，使得我们在其中呼吸，就和在开放、明媚的草地上享用洁净空气一样快乐。那么，在强可持续性原则和弱可持续性原则两个极端中间如何平衡，则是环境经济学家和其他环境相关领域专家持续研究和讨论的议题。

图 1-1 总结了环境品价值的分类。首先，依据环境品价值是否出于人类的主观判断，可将其分为内在价值和功利主义价值（utilitarian value）。功利主义价值又可以进一步分为使用价值和非使用价值，后者又称为存在价值。非使用价值有很多来源，

既包括本书中讨论的期权价值和遗产价值，也包括本书未讨论的利他主义价值（altruistic value，因为他人从环境品消费中获益而得到的效用），甚至包括其他一些说不清、道不明，但就是认为环境资源应该被合理保存的信念和价值评判。

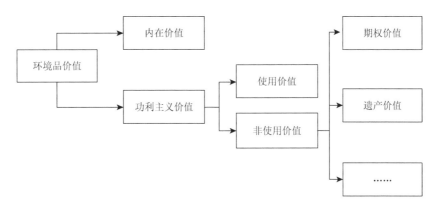

图 1-1　环境品价值的分类

值得说明的是，由于内在价值完全不依赖于人类判断而存在，因此，这一类价值仅作为哲学概念而存在，并不能进行事实上的度量。环境经济学中对环境品进行价值评估的依据，仍是那些源于人类主观判断的价值，即功利主义价值体系中所包含的内容。显然，功利主义价值来源于个体的主观评价，体现个体偏好。但个体偏好千差万别，对同一个环境品标的，不同个体可能有极不同的偏好。比如，一个户外徒步爱好者可能对自然公园和生态保护栖息地的环境价值评价很高；而一个室内台球运动的痴迷者可能认为，设立自然保护区毫无意义。那么，这是否说明评估环境品价值根本就是一个不可行的任务呢？并不是。事实上，无论是对环境保护，还是对橘子、面包，抑或国防服务，不同的人都会有不同的偏好，从而有不同的价值评估。不过，这并不影响我们刻画全社会总体上对某一类特定商品的价值评价。对于橘子、面包这些典型的私有品，我们通常在给定价格水平下，衡量并加总所有个体的需求，形成社会总需求；并由社会总供给和社会总需求共同决定私有品的均衡价格；一般而言，均衡价格就代表了私有品的价值。对于单个消费者而言，如果其愿意在该价格下购买商品，说明他对商品的支付意愿，或者说价值评估，高于市场价格；反之亦然。对于环境保护和国防服务这一类典型的公共品而言，我们通常分析在一定的供给量（一定程度的环境保护，或者一定规模的国防力量）下，社会全部个体对该供给水平的支付意愿；这一总和的支付意愿就代表了社会对这些公共品的价值评估。因此，评估环境品的价值这一任务就转化为在全社会平均意义上评估人们对环境品的支付意愿。

■ 1.3　环境品价值的测度：支付意愿和受偿意愿

　　个体无论是出于对环境品使用价值的需要，还是出于对环境品非使用价值的珍视，都可能积极肯定环境品的价值，这种正的价值评价都将最终体现在个体对环境品的支付意愿中，即人们为了换取环境品而愿意放弃的其他资源的等价。比如，当我们在三江源建立自然保护区时，我们就放弃了将这片水域建设为废水处理设施的可能；这说明三江源生态环境的价值应大于或等于该废水处理设施所能够提供的经济价值。这种价值的度量方式很好地反映了机会成本原则：在经济学中，我们经常要在两个竞争性的选项间进行权衡，这些选项可能是私有品、公共品，也可能是某种资源的利用方式；这些选项的价值就等于人们在选择该选项时所放弃的所有其他可能选项中能带来最大收益的那一个选项的价值；其更直接的度量方式就是人们在选择某一选项时，愿意放弃的货币等值，即支付（payment）。

　　支付意愿是环境经济学中最常用的价值度量手段。我们将在本节具体讨论这一概念的内涵和外延，在后面的章节中介绍市场缺位条件下，几种典型的支付意愿的度量方法。尽管支付意愿是一种非常直观和合理的价值度量手段，但明确这一概念的几个特征会更有利于我们的理解。第一，支付意愿描述的是人们为了获取一定量的环境品（如环境质量改善）而愿意进行的最高支付，而不是其他任何水平的支付。比如，如果我对长白山天池自然保护区的支付意愿是 100 元，这说明我的福利水平在下面两种情境中是一样好的：①我付出了 100 元，长白山天池的生态环境得以保存；②我不进行任何支付，长白山天池区域的生态环境被破坏。这同时说明，我一定也乐意支付 90 元，使长白山天池能够得到生态保护，但我不会愿意支付 110 元。第二，支付意愿反映的仅仅是我们心理上对环境品的价值评估，因此，持有一定的支付意愿并不要求我们进行实际支付。第三，无论如何，支付意愿评估的都是以人类为中心的环境品的价值，因此它无法反映环境品的内在价值。第四，支付意愿仅仅客观地反映个体对环境品的价值评估，它既可以符合环保主义的价值判断，如上例中，我愿意对长白山天池的保护做出经济利益的牺牲；也可以不符合环保主义的价值判断，比如小明选择大排量的汽车，毫不在乎其对全球变暖的负面影响。当然，这并不是说，因为小明对环境保护的支付意愿极低，或近乎为零，他就可以不必负担环境保护的成本；而我愿意对环境保护进行正的支付，所以我需要单方面地负担环境保护的成本。事实上，每一个排污主体，或者环境质量的破坏者，都应该对其行为造成的负的外部性进行补偿。衡量这一外部性的是社会上所有人对环境保护的支付意愿，而不仅仅是排污主体本人的支付意愿。但归根结底，支付意愿本身衡量的仅是个体的价值判断，而非社会集体的价值判断。

在这里，我们还必须讨论和澄清与支付意愿相对称的另一个价值衡量手段，即受偿意愿（willingness to accept，WTA）。受偿意愿是说，当某一利益的所有者被要求放弃该利益时，他所要求的最低补偿。这也是基于资源稀缺性原则和机会成本原则发展出来的一种价值度量手段。显然，一份你所珍爱的藏品，其价值就应该等于你愿意出让它时所要求的最低赔付；你对自身时间价值的衡量，就等于你愿意放弃自由的时间而去工作所必须得到的工资补偿；同样，对于环境品而言，你对它的价值评判也应该等于你必须放弃它时，或者说它必然遭受损害时，你所要求的最低补偿。

受偿意愿和支付意愿的核心区别在于，采用这两种手段进行价值评估时，我们假定的所有权初始归属不同。在采用支付意愿手段衡量环境品价值的过程中，我们其实假设个体尚未获得该环境品的所有权，因此试图判断其为了获取这样的权利而愿意进行的支付。在采用受偿意愿手段衡量环境品价值时，我们其实假设个体已经拥有了环境品的所有权，因此需要判断如果要求他放弃这样的权利所需给予的补偿。图 1-2 解释了这两个概念在理论上的差异。假定起始的收入水平是 y，目前的环境质量由 Q_0 代表，在这样的收入和环境质量组合下，个体的效用水平为 U_0（由无差异曲线 U_0 代表）。那么，个体将如何衡量环境质量水平从 Q_0 到 Q_1 的升高呢？从支付意愿角度出发，这样的环境质量改善尚未发生，(y, Q_0) 是环境价值评估的起始点。如果维持收入水平不变，环境质量水平从 Q_0 升高到 Q_1 会使福利水平从 U_0 提高至 U_1（由无差异曲线 U_1 代表）。如果仅需要维持原来的福利水平不变，那么，在 Q_1 的环境质量下，个体将乐意承受 bc 段的收入水平下降。因此，在这一情境中，对环境质量水平从 Q_0 到 Q_1 的升高的支付意愿可以用 bc 段线段代表。从受偿意愿出发，应假定个体已经拥有了 Q_1 水平的环境质量，(y, Q_1) 是环境品价值评估的起始组合，此时的效用水平为 U_1。当环境质量从 Q_1 下降到 Q_0 时，如果仍维持收入水平不变，则个体的福利水平将从 U_1 下降至 U_0。如果维持原效用水平不变，则需要对其进行补偿性支付，这一支付的最低数额可以由 ad 段线段表示，即个体的受偿意愿为 ad 段线段的长度。

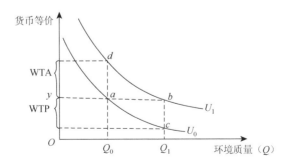

图 1-2　支付意愿和受偿意愿

从经典的效用理论出发，支付意愿和受偿意愿就像一枚硬币的两面，在数量上应该完全一致。试想任何一件可交易的商品，如一张电影票，如果你对其的价值评估是 50 元，那么，当你在开场前来到电影院门口时，你一定愿意花 50 元购票入场（支付意愿）；如果你已经在网上买好了一张票，并提前来到电影院候场，这时候如果有人出价 50 元或更多来向你购买这张票时，你也应该愿意卖给他（受偿意愿）。

但是，如图 1-2 所示，支付意愿和受偿意愿毕竟代表了两种不同的价值评估手段，是两个不同的经济学概念。大量行为经济学的实验研究表明，这二者在很多时候并不对称，这也是行为经济学对经典效用理论构成挑战的主要领域之一。行为经济学的实验研究结果显示，对于同一件商品，人们的受偿意愿系统性地高于其支付意愿。这种非对称性可能源于以下三个原因。

第一，心理学研究表明，人类普遍具有厌恶损失的倾向。诺贝尔经济学奖获得者塞勒教授经常提及这样一个例子，他的一位经济学家好友，同时也是一名红酒爱好者，曾经在很多年前以低价购入了一批波尔多红酒。随着时间推移，这些藏酒的价值飞升，当年以 10 美元购入的红酒现在已经可以拍卖出 200 美元的价格。但他的好友既不愿意卖出自己的藏酒，也不愿意在这么高的价格上再买入相同的酒，只是偶尔拿些藏酒出来细斟慢品。显然，如果这位好友是一位经济学中的理性人，他应该对这些红酒具有稳定且明确的价值偏好，如果这一偏好小于 200 美元，他应该理性地卖出藏酒；如果大于 200 美元，他应该理性地买入同样的酒。既不卖出也不买入的行为充分体现了人类决策过程与理性人假说背离的现象。经济学家萨缪尔森和泽克豪瑟将这一现象总结为现状偏误（status quo bias），即人们对维持现状具有特殊偏好。塞勒则将这一现象定义为禀赋效应（endowment effect），即和获得一件东西而愿意进行的支付相比，当要失去这件东西时，人们会要求更高的补偿。行为经济学家卡尼曼和特韦尔斯基则从效用层面理解这一现象，将其称为损失厌恶（loss aversion），即对于同一件商品，损失它所导致的效用降低的程度要大于获得它时效用增加的程度。不管如何理解和定义，这一被普遍承认的心理学规律足以说明，在评估同一个环境品（如同等程度的环境质量变化）的价值时，采用受偿意愿往往暗示了现有福利的损失，因此其评估结果往往会高于采用支付意愿进行评估所获得的结果。

第二，一件商品的支付意愿和受偿意愿之间的差距，会受到这一商品可替代程度的影响。想想某个超市里普通的马克杯，它几乎是完全竞争商品，我们很容易在其他超市里找到它的替代品，那么，我们购买普通马克杯时的支付意愿和转让马克杯时的受偿意愿应该不会相距甚大。但是，当这一马克杯具有某种不可替代的属性时，支付意愿和受偿意愿之间的偏差就会产生。行为经济学家曾经以康奈尔大学的学生作为研究对象，让一组学生在实验环境中售卖带有康奈尔大学标志的马克杯，而让另一组学生在相同的实验环境中购买马克杯。实验结果显示，学生作为售卖者时的受偿意愿要系统性地高于他们作为购买者时的支付意愿。如果这一规律成立，那么鉴于很多环境品具有极高的不可替代属性，我们采用受偿意愿手段估计其价值时，自然也将得到高于采用支付意愿手段进行评估的结果。

第三，收入效应（income effect）是造成支付意愿和受偿意愿之间分歧的另一个重要原因。显然，支付意愿的衡量是以支付或者说支付能力为前提的，而受偿意愿的衡量则没有这样的限制。设想一件低价品，比如日记本，无论采用何种手段评估，其价值都远低于大多数人的收入水平，因此我们衡量的支付意愿和受偿意愿不会产生太大分歧。但是，如果我们讨论的待估值商品是诸如保护澳大利亚大堡礁①这样耗资巨大的生态保护项目时，其价值可能远远超过大多数人的正常收入水平。人们面对失去澳大利亚大堡礁这一可能时，很可能会要求一个近乎无限大的补偿数额。但是，如果采用支付意愿手段对其进行评估，我们则需要在平衡生态保护支出和其他生活必需支出后做出一个更为现实的选择，其估值结果可能远远小于采用受偿意愿进行评估的结果。类似地，对于全球气候变暖、海水温度上升等根本性生态挑战，我们在估计其潜在损失时也可能会遇到同样的问题。

那么，在现实中，我们究竟应该采用支付意愿手段还是受偿意愿手段来进行环境品价值评估呢？一种观点是根据环境品产权的既定状态来决定。比如，当政府试图评估一项尚未实施的原始林区开发工程的环境影响时，由于林区的原始形态尚未受到破坏，我们应采用受偿意愿手段评估当地居民对原始林区环境价值的判断。相反，在引例中的瓦尔迪兹号漏油事件中，由于环境损害已经形成，原始的海洋生态环境已经消失，评估该水域生态价值的合理方法是估计人们对生态修复的支付意愿。另一种更谨慎的观点则认为，应尽量采用支付意愿手段评估环境品的价值，因为支付意愿权衡了个体对环境品的价值评估及其支付能力，是更为客观、现实的价值评估手段。基于这一原则，无论环境品的原始产权配置如何，我们都应该尽量将人们置于争取权益的状态，评估其对环境品的支付意愿。比如，当试图评估一块草甸的生态价值时，无论草甸所有权事实上的归属如何，我们都应该假设其已归开发商所有，并评估个体为了维护草甸生态免遭商业地产开发的破坏而愿意支付的水平。

① 位于澳大利亚东北海岸的大堡礁（Great Barrier Reef）是世界上最大的珊瑚礁群。它沿海岸延伸 2300 余公里，最宽处达 160 公里，包含约 2900 个独立礁石。连绵不断的多彩珊瑚景色使得大堡礁成为世界著名的自然景观，并于 1981 年被列入世界遗产名录。然而，近年来的气候变化导致海水温度上升，水体污染加剧，大堡礁生态系统正在遭受最大程度的健康威胁。一份 2016 年的报告显示，海洋暖化引发的第三次全球白化事件，可能导致中北部的珊瑚礁被全数摧毁，而这部分珊瑚礁占据了大堡礁整体的 40%以上。

■ 1.4　小结

　　本章旨在阐述环境品价值这一概念的内涵和外延。我们从瓦尔迪兹号在美国阿拉斯加水域的威廉王子湾触礁所引发的漏油事件出发，直观地说明了以统一的货币尺度度量生态环境价值时所要面临的巨大争议。这些争议不仅涉及价值评估的技术性困难，也包括货币化环境品时所面临的环境伦理学和环境哲学的批判。然而，立足于资源稀缺性这一基本前提，环境经济学家更倾向于对环境品的价值进行货币性评估。唯有如此，我们才能在同一尺度上比较环境品的多种价值，以及维持该价值存在所必须付出的多种成本，也才能够在边际收益等于边际成本的条件下进行有效的环境保护努力。支付意愿是经济学中衡量商品价值的主要手段。对于私有品而言，这一意愿就体现在商品的交易价格之中，因而较为容易衡量。但是，对于具有典型公共品和共有品特征的环境品而言，直接体现支付意愿的交易市场往往并不存在。

　　在这样的困难下，如何评估环境品的价值呢？一种思路是通过观察和环境品相关的消费活动来推断人们对环境品的支付意愿。如果人们在市场上选择购买某些商品，这些商品的某些特征又与环境质量紧密相关，那么，人们的选择就可以部分地反映其对环境质量变化的支付意愿。比如，如果人们普遍认可清洁空气的价值，那么，空气质量较好的居民小区，其房屋价格就应该高于空气质量较差的小区。因此，我们可以通过比较这两类小区的房屋价格，估算其差值来评估人们对清洁空气的支付意愿（特征价格法，hedonic price method）。又比如，如果人们普遍认可自然保护区的价值，他们应该向往在这样优质的自然环境中小憩、徒步、观赏自然风景。因此，我们可以通过人们特定的旅行活动推测其对生态环境保护的支付意愿（旅行成本法，travel cost method）。但是，一般来说，上述方法都基于对环境品的特定消费行为，因此仅能用于估计环境品的使用价值。对于环境品的非使用价值，我们一般采用条件价值评估法（contingent valuation method）和离散选择实验法（discrete choice experiment）等方法进行估计。前一种方法是通过问卷调查建立一个假想市场，让受访者在该市场中完成对环境保护的支付，表达其支付意愿。后一种方法是在一个实验环境中，将环境品简化为一系列特征的组合（比如，把湖泊的自然环境简化为湖水质量、湖岸风光秀美程度、湖内水生动物健康程度，以及到该湖区观光所需要的成本等），再通过差异化的特征表现构建差异化的环境品；受访者被要求在这些差异化的环境品（特征组合）中进行选择来表达他们对环境品的支付意愿。上述四种方法（特征价格法、旅行成本法、条件价值评估法、离散选择实验法）是目前环境经济学中最典型的四种环境品价值评估方法，我们将在本书的余下章节逐一详尽介绍。

当然，随着环境经济学的日益发展，新的环境品价值评估方法正在不断涌现，本书将不讨论这些最新的方法论进展。

在上述四种方法中，特征价格法和旅行成本法是通过观察直接的、实际的消费性活动来推断环境品价值的，因此又被统称为揭示性偏好法（revealed preference method）。揭示性偏好法的价值估计是基于对人们的实际经济决策的观察，一般而言，可信度较高；但此类方法往往受限于数据的可得性和数据分析过程的可靠程度。与此相反，条件价值评估法和离散选择实验法是在人为构建的假想环境下，让受访人完成支付意愿的表达，因此又被统称为陈述性偏好法（stated preference method）。基于陈述性偏好法的价值估计在实验或调查环境中完成，一般而言，数据可得性相对有保障，而且数据产生机制可复制程度高。但是，陈述性偏好法度量的是人们在假想条件下表达的支付意愿，其可能受到诸多心理和环境因素的影响而产生偏误，因此也更具争议。事实上，基于陈述性偏好法研究的主要挑战之一也是如何通过更巧妙的实验设计避免心理偏误和环境偏差，我们将在后续章节深入讨论。此外，值得说明的是，尽管陈述性偏好法主要用来估计环境品的非使用价值，但从理论上说，只要将待评估对象设定为环境品的使用价值，这一类方法也同样可以用于评估使用价值。不过，无论是揭示性偏好法还是陈述性偏好法，对照图 1-1 中的环境品价值分类，它们都只能用来评估基于人类价值判断的功利主义价值；而环境品中不因人类偏好而存在的内在价值是无法通过现有评估手段进行估计的。

第 2 章

特征价格法

当我们需要知道公众对环境品的支付意愿，但又无法观察到这些环境品的市场交易时，要怎么做呢？一种可行的思路是，找到一些特定的商品，它们能够通过市场机制进行交易，因而我们可以观察到这些商品的交易价格；同时，这些商品的部分特征又和环境质量紧密相关，这样我们就可以通过分析这些商品的价格表现来推测人们对环境品的支付意愿。比如，第 1 章小结中，我们提到了通过比较不同区位房屋的价格来推测人们对好的空气质量的支付意愿，这正体现了特征价格法的核心思想。

显然，在采用特征价格法实施价值评估的过程中，首要的问题就是找到符合上述条件的商品，它们往往来源于具有多维特征（characteristics）的差异化商品（differentiated goods）。因此，在本章的逻辑结构中，我们将首先解释差异化商品的概念。然后介绍针对差异化商品的特征进行价值评估的特征定价模型。最后，在这一理论基础之上，我们将深入讨论特征价格法在环境品价值评估中的两个具体应用：其一是利用房地产市场中的房屋交易信息评估空气质量改善的价值；其二是利用劳动力市场中的死亡风险-工资溢价关联评估统计生命价值（value of statistical life，VSL）。

■ 2.1 差异化商品

在经典的微观经济学理论框架下，我们一般讨论的是均质化商品，即商品的属性均质，且不可分割，比如农贸市场中的鸡蛋。在市场供求力量均衡的作用下，均质化商品将形成唯一的价格，比如，市场上鸡蛋的价格为 4 元/斤①。此时，不管一个

---

① 1 斤 = 0.5 千克。

消费者对鸡蛋的支付意愿有多高，或者一个生产者生产鸡蛋的边际成本有多低，他们都可以在 4 元/斤这一价格水平上完成交易。

但是，现实生活中的很多商品不符合均质化商品这一概念模型，它们往往具有多重特征属性，而且同种商品的不同细分产品之间存在明显的价格差异。比如，超市里的苹果因分属不同的品种、等级，具有不同的口感、甜度、果实形状、成熟期等特征表现，所以贵贱不一。常见的差异化商品还包括汽车和房屋，前者的多维属性包括车身尺寸、发动机功率、油耗、外观颜色、内饰配置、品牌等，后者的多维属性包括面积、房间个数、结构、朝向、地理位置便捷程度、社区环境质量等。

我们应该如何分析这类商品的供求关系和市场均衡呢？一种做法是，将每一个细分的产品视为完全不同的商品，并构建不同的市场对其进行分析。这当然是一种理论上可行的处理方式，但这与本书主题无关，因此不再进行讨论。另一种做法是，综合考虑所有细分产品，将这些产品概念化为差异化商品。这时，每一种差异化商品就可以等价于其多维特征 $z_1, z_2, \cdots, z_K$ 的组合，因而，该差异化商品的价格 $P(z)$ 也即取决于其特征向量的表现：

$$P(z) = P(z_1, z_2, \cdots, z_K) \tag{2-1}$$

回到上述苹果的例子，式（2-1）中 z 向量的各个分量 $z_1, z_2, \cdots, z_K$ 就分别代表了口感、甜度、果实形状、成熟期等各个特征。这种处理方法不仅可以使我们利用更多的信息，更有效率地在同一个市场中分析差异化商品的供求关系，还可以帮助我们清晰地辨识商品特征的价值，实现对商品各个分化特征估值的目的。

不失一般性地，可以适当调整对各特征分量 $z_1, z_2, \cdots, z_K$ 的度量方式，使得 $P_{z_i} = \partial P(z) / \partial z_i > 0$，即特征值越高，该差异化商品的市场价格就越高。比如，当考虑社区的噪声情况对小区内房屋价格的影响时，一般来说，环境噪声水平越高，房屋价格越低。这时，就可以反向度量噪声水平，将其转换为社区环境的安静程度，以满足差异化商品价格对其特征表现的一阶导数为正的要求。不难理解，P_{z_i} 事实上代表了市场对差异化商品的第 z_i 个特征的价值认可程度，因为它度量的是给定其他特征表现，当 z_i 边际性地变化一个单位时，差异化商品价格的变化程度。同种差异化商品（如苹果）的不同细分产品（如红富士苹果和黄元帅苹果）间存在价格差异，实际上就反映了构成差异化商品的特征的价值差异。

对于均质化商品，因为其仅包含单一特征，市场通过供求力量均衡，对均质化商品所包含的单一特征的边际定价是恒定的。想想鸡蛋的例子，在完全竞争市场中交易鸡蛋这种均质化商品，其边际价格是恒定的。也就是说，不管消费者购买了多少鸡蛋，也不管生产者供给了多少鸡蛋，每单位鸡蛋的交易价格都是一样的。如果这种恒定关系被打破，比如，鸡蛋的边际价格随着购买量的增加而递减，那就会有套利者进入市场，他们先大量购入鸡蛋，再将其分成小批次卖出，以套取利润。这样的套利行为会使得大量购买鸡蛋的这一细分市场上的需求增加，鸡蛋的价格被抬高；而少量购买鸡蛋的这一细分市场上的供给增加，鸡蛋的价格被压低。这种套利行为会一直持续，直至各个细分市场上鸡蛋的价格回归一致。这种套利行为的前提是，鸡蛋仅包含单一特征，可以在数量上被无限拆分并任意组合，再进行交易。但这种无限可拆分-任意组合的前提，对于差异化商品的各个特征而言，是无法实现的。由此导致同一个特征的边际价格在不同差异化商品中的表现往往是不同的。例如，房屋是差异化商品的典型代表，我们在购买房屋时，只能将房屋作为一件独立的商品，一旦选择一套房屋，就需要打包购买其所有特征的组合；我们不能独立地、逐一地购买房子的各个特征，比如房屋的结构、地理位置便捷程度和社区环境质量等，然后再拼凑出一个理想的房子。而且，两个单室的房子的功用很难等价于一间两室房子的功用；租用一间四室房屋半年的功用也很难等价于租用一间两室房屋一年的功用。这种不可拆分性妨碍了市场针对差异化商品的特征的套利行为的展开，因此，差异化商品特征的边际价格常常是不恒定的。一般而言，差异化商品特征的边际价格具有下面两个属性。

（1）差异化商品特征的边际价格递减，即 $P_{z_i z_i} = \partial^2 P(z) / \partial z_i^2 < 0$。也就是说，当差异化商品的某一个特征的表现已经相对完善时，市场对该特征进一步改善所表现出的价值认可程度会逐步降低。仍以上述房屋为例，给定其他条件一致，当房屋使用面积增加时，其市场交易价格会上升。但是，随着房屋面积的增加，比如进一步增加 $10m^2$ 面积时，房屋价格上升的幅度是不同的。对于一间小房子，其面积从 $30m^2$ 增加至 $40m^2$ 时，其市场价格可能会增加 10 万元。但对于同一地段、同一小区内的一套大房子，其面积从 $200m^2$ 增加至 $210m^2$ 时，其市场价格的上升幅度可能就微乎其微。这也解释了房屋市场中，为什么小户型房屋的单价一般高于大户型房屋。

（2）差异化商品特征的边际价格依赖于该商品的其他特征表现，即 $P_{z_i} = \partial P(z) / \partial z_i = f(z) = P(z_1, z_2, \cdots, z_K)$。为了充分说明，现在让我们做一个极其简化的假设。仍以房屋为例，我们假设：①其价值仅由房屋面积和房屋内的房间数量这两个特征决定；②给定房屋的面积为 $80m^2$。这时，我们变化房屋内的房间数量。可以想见，当我们把房间数量从 1 个增加到 2 个的时候，这个房屋在市场上很可能会更受欢迎，因而有更高的交易价格，所以，此时房间数量这个特征所对应的边际价格为正。如果我们进一步增加房间数量，比如把房间数量从 5 个增加至 6 个，这套房屋的市场价格可能会下降，因为人们觉得在一套 $80m^2$ 的房子里容纳 6 个房间，实在是太拥挤了。此时房间数量这个特征所对应的边际价格就可能变成负值。如果我们把房间数量这一特征的边际价格和房间数量关联在一起，其关系可能如图 2-1 中的实线所示，由一条先上升后降低的曲线代表，这条曲线的拐点发生在房间数量等于 3 的这一点。现在，让我们改变房屋面积这一特征，考虑一间更大的房子，其

套内使用面积达到 $200m^2$。这时，如果我们把房屋的房间数量从 5 个增加至 6 个，该房屋很可能会更受欢迎，因此，与房间数量等于 6 对应的房间数量特征的边际价格就变成了正值，如图 2-1 中的虚线所示。在此例中我们可以看到，房间数量这一个特征的边际价格既和该特征本身的表现有关，还与其他特征（房屋面积）相关。

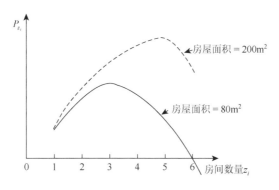

图 2-1　房屋数量特征的边际价格曲线

以上，我们介绍了差异化商品特征的边际价格的两个属性。从表面上看，介绍第二重属性时，我们提及房间数量这一特征的边际价格先上升后下降，这与第一重属性中所声明的差异化商品特征的边际价格递减的规律发生了矛盾。实际上，这二者并不矛盾。对于第一重属性，边际价格递减规律一定发生在差异化商品的某一特征已经相对完善之后，进一步加强该特征的表现，其所能带来的差异化商品价格提高的幅度会逐步下降。在介绍第二重属性时，在我们提及的 $80m^2$ 房屋的例子中，如果该房屋只包含 1 个房间，显然其在房间数量这一特征上的表现没有被优化；如果认为在房间数量扩充至 3 个时，房间数量这一特征的表现才完成优化，自此之后，房间数量这一特征的边际价格则符合第一重属性所要求的递减规律。这种对照和我们所熟悉的边际产量递减规律极其相似。在经典的微观经济学中，当生产者采用一种生产要素生产产品的时候，在要素投入量最初增加的阶段，由于其他生产要素的产能尚未被充分利用，该要素的产品边际产量会有短暂的增加，这也代表了我们熟知的"规模经济"阶段。在充分利用"规模经济"效应之后，进一步增加该要素的投入量，其边际产量会不断减少，直至变成负数（生产中过度使用了某一个要素，如劳动力，使得要素的配给过度拥挤，影响正常的生产过程），这是普遍的"边际报酬递减"阶段。

■ 2.2　特征定价模型

差异化商品是作为一个特征束的整体在市场上进行交易的，所以我们仅能够观察到差异化商品本身的价格，而无法直接观察到其各个特征的市场交易价格。特征价格法的根本任务，则是要通过深入分析差异化商品本身的价格表现来推断该商品某一特征的价值。这要如何实现呢？在 2.1 节的分析中，我们可能已经大致了解到，差异化商品某一特征的价值可以大致通过其边际价格 P_{z_i} 来测度。为了更深入地理解这一逻辑，现在我们不妨想象一个更直白，当然并不那么真实的例子。假设在一个高度集成化的未来社会里，很多我们熟悉的日用消费品，比如面包，都无法在市场中单独买到了。取而代之的做法是，我们需要购买一种被称为"日用消费品篮子"的商品来满足日常所需，其中包含了一个典型家庭日常消费的所有物品，包括面包、其他食品、衣物、个人洗护产品、消费型电子产品等。这时候，如何判断面包的价值呢？一种做法是，找到两个"日用消费品篮子"，篮子 A 和篮子 B，它们所有其他的组成都是一样的，唯一的差异是篮子 A 比篮子 B 多了一个面包。很显然，篮子 A 的价格 P_A 和篮子 B 的价格 P_B 之间的差异（$P_A - P_B$）即反映了这个面包的价值。事实上，我们在现实市场中观察到的差异化商品就相当于这个未来社会里的"日用消费品篮子"，它代表了多维度商品特征的集合，"日用消费品篮子"所包含的各种商品就代表了各个特征。给定差异化商品的其他特征 z_{-i}（"日用消费品篮子"里面的所有其他物品），边际化地变动其某一特征 z_i（面包数量）所带来的差异化商品的价格变动（$P_A - P_B$）就代表了该特征的价值（一个面包的价值为 $P_A - P_B$）。这就是采用特征价格法进行价值评估的核心思路。

根据这一思路，测度特征的价值似乎变成了一件比较容易的事情。比如，如果需要估计人们对清洁空气的支付意愿，我们可以试图寻找两套房屋（请记得，房屋也是一种典型的差异化商品），它们在所有其他方面的特征都是一模一样的，包括房屋的面积、结构、朝向、楼层、房间数量，甚至是房屋区位的优越程度，唯一不同的是，两套房屋所在区域的空气质量不同，一套房屋位于郊野森林公园附近，社区内的空气质量常年优于区域内平均水平；另外一套房屋位于市中心的钢铁厂附近，空气质量常年劣于区域内平均水平。那么，如果我们观察到第一套房屋的市场交易价格高于第二套房屋，这二者的差额就代表了人们对清洁空气的支付意愿。

但现实中，事情并不如我们想象的这般容易。即使我们真的在市场中找到了这样两套非常相似的房屋，很可能会发现，那套位于市中心的房屋的交易价格远远高于另外一套位于郊区的房屋。这难道说明，人们更偏爱较差的空气质量吗？当然不是。造成这种逆向价格差异的原因很可能是，这两套房屋在其他特征表现上也非常不一样。比如，市中心的房屋有更优越的地理位置和便捷程度，所以人们愿意为它支付更高的价格。因此，采用特征价格法进行价值评估的第一个难点在于，我们在现实世界里很难排除其他特征的差异，而单独观察差异化商品某一特征的变化所引起的价格变动。而且，即使找到了这样两套房屋，它们除了所在区域的空气质量不同以外，其他特征都完全一致，但房屋的市场交易价格还可能受到许多自身特征以外的随机因素的影响，比如完成该笔交易时房地产市场的景气程度，以及买卖双方在交易房屋时的财务和心理状态，等等。这时，即使给定了房屋特征，房屋的交易价格仍然存在很大的随机性。因此，两套房屋的价格差异除了反映人们对空气质量改善的支付意愿之外，还包含了许多随机因素的影响。我们必须剔除这些来自市场和交易者的随机影响，才能有效辨识由某一特征差异所导致的差异化商品价格的差异，即人们对该特征的支付意愿。

为了解决上述问题，经济学家 Rosen 于 1974 年发表的一篇重要论文中提出了特征定价模型，该模型构建了完善且规范的理论框架，用以测度差异化商品的特定特征的价值。下面，我们仅以房屋这一差异化商品为例，详尽介绍特征定价模型。当然，在了解模型的基本结构后，读者可以很容易地将该模型应用于分析其他差异化商品的特征价值。

为了后文理解方便，我们不妨把房屋市场进一步限定为房屋租赁市场，且仅关注单一期间内的房屋租赁决策[①]。此时，房屋价格 $P(z)$ 代表在该期间内租用一套房屋所需支付的租金，它仍然是房屋的一系列特征的函数，即 $P(z) = P(z_1, z_2, \cdots, z_K)$。不失一般性地，我们可以进一步将房屋周围的空气清洁程度记为房屋的第一个特征 z_1，把其他所有特征归结为向量 z_{-1}，即 $P(z) = P(z_1, z_{-1})$。当给定一组 z_{-1} 的取值时，我们可以把房屋价格 $P(z)$ 和 z_1 的关系描绘在图 2-2 中，这组函数关系被称为特征价格函数（hedonic price schedule）。显然，图 2-2 中所示的这组关系符合前文所要求的特征正向度量的假定（$\partial P(z) / \partial z_i > 0$），因此，随着周围空气清洁程度的提高，区域内的房屋价格会上升。而且，这组关系还符合差异化商品特征的边际价格递减的属性，随着周围空气清洁程度的提高，区域内的房屋价格上升的幅度逐渐减小。

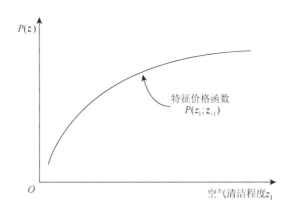

图 2-2　特征价格函数

---

① 对于房屋所有权市场中的交易，我们可以先通过折现的方式，很容易地将房屋所有权的交易价格转化为一定的租金现金流，然后再将其纳入本书的框架中进行分析。

　　尽管在现实世界里，我们很难在 z_{-1} 完全一致的情况下，比较周围空气清洁程度不同的房屋价格，但经济学家可以采用精湛的计量经济学手段，通过将 z_{-1} 中包含的特征水平作为控制变量引入估计模型[1]，来刻画 $P(z)$ 和 z_1 的关系。因此，我们暂时将特征价格函数视为一组可从实际数据中提取的、给定的函数关系。特征定价模型认为，房屋租赁的市场是充分竞争的，所以我们观察到的特征价格函数实际上是房屋消费者和房屋供给者优化各自行为后达成市场均衡的结果，也反映了这样的均衡关系。

　　为了理解特征定价模型的核心原理，我们需要进一步分析消费者和供给者各自的决策机理。在分析消费者的最优决策之前，让我们首先来设定几个假设：①消费者单期的收入水平为 y；②消费者在该期间内仅消费两种商品——租用一套房屋，以及购买另一种标准化的商品以满足他在住房之外的其他所有生活所需，该标准化商品的价格为 1；③消费者的效用水平 U 取决于他所租用的房屋特征 z（ $z = z_1, z_2, \cdots, z_K$ ），以及消费的标准化商品的数量 x，即 $U = U(z,x)$；④对于单个消费者而言，特征价格函数是给定的，其不能通过调整其个人选择来改变这一函数关系，仅能够在该函数给定的前提下，进行个人的最优化决策。

　　在这一框架下，消费者的决策问题实际上就是如何在给定的预算约束下，合理分配用于租用房屋和用于购买标准化商品的资金，使得 $y = x + P(z)$。一种最直观的优化方式是，消费者通过选择房屋特征 z 和标准化商品消费数量 x，来最大化其个人效用 U。但是，在特征定价模型中，为了更深入地了解消费者对房屋价值的评估，让我们考虑一个间接的优化问题：消费者希望在维持一个特定的效用水平的前提下，在房屋拍卖中最大化自己对房屋的出价（bid）θ，以便增大自己得到该房屋的概率：

$$\max_{x,\theta} \theta, \quad \text{s.t. } U(x,z) = U^0, \quad x + \theta = y \qquad (2\text{-}2)$$

　　假定我们已知效用函数 U 的具体形式，以及消费者所要求维持的效用水平 U^0，那么通过式（2-2）所代表的优化过程，消费者对房屋 z 的最大出价 θ 就可以写成 y, z 和 U^0 的函数，即 $\theta = \theta(y, z, U^0)$，亦称出价函数（bid function）。图 2-3 显示了在给定房屋的其他特征 z_{-1}、消费者的收入水平 y 和所要求的效用水平 U^0 时，消费者的出价 θ 和房屋周围空气清洁程度 z_1 的一一对应关系，这也反映了消费者的最优决策准则，即针对具有不同的空气清洁程度的房屋，给出不同的竞买出价。当房屋周围空气清洁程度上升时，消费者的出价会沿着出价函数曲线（图 2-3 内虚线）向右上方移动。但是，当改变消费者的收入水平和要求的特定效用水平时，出价函数曲线则发生平移。例如，如果消费者的收入水平突然提高，其对于具有特定空气质量的房屋

的出价也会相应上升，出价函数曲线向上平移。另外，如图 2-3 所示，对于给定收入水平的消费者，其对给定的空气质量特征的出价越高，就意味着他能够消费的标准化商品的数量就越少，效用水平就越低，因此高效用水平对应的出价函数曲线 $\theta = \theta(z, y, U^1)$ 在低效用水平对应的出价函数曲线 $\theta = \theta(z, y, U^0)$ 下方。

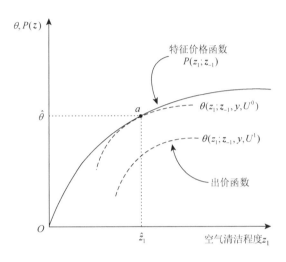

图 2-3　特征价格函数与出价函数：固定收入水平

基于上述原则，消费者如何在房屋租赁市场中最大化自身的利益呢？作为一个理性的消费者，我们当然希望尽量提高自己的效用水平。因此，在给定收入水平下，消费者更偏好下方的出价函数。但问题是，当出价函数曲线位置过低时，我们找不到出价函数曲线和特征价格函数曲线 $P(z)$ 的交点，因此无法在市场中完成交易；当出价函数曲线位置过高时，则不符合消费者效用最大化的原则。因此，消费者的最优决策发生在出价函数曲线和特征价格函数曲线相切的位置，切点 a 唯一确定了给定收入水平下，消费者选择的空气清洁程度，及其所能达到的效用水平。由于不同的消费者有不同的收入水平，面临不同的预算约束，因此，他们会在房屋租赁市场中选择不同空气清洁程度的房屋，如图 2-4 所示[①]。

对应地，现在让我们来考虑房屋的供给方的最优决策行为。和其他市场中的供给方一样，房屋租赁市场中的供给方也希望最大化自身的利润 π，这一利润水平则是由供给方在拍卖市场中的叫价（offer）φ 与房屋供给成本 $c(r, z)$ 的差构成的，即 $\pi = \varphi - c(r, z)$。显然该成本与房屋的特征水平 z 相关，参数 r 则代表了决定特定供给方成本的供给方特征。比如，如果某一个供给方拥有采购渠道的优势，那么他就能够以较低的价格采购维护房屋所需的原材料。为了分

---

① 当然，在现实中，收入水平的差异并不是消费者选择具有不同特征水平的房屋的唯一原因，消费者的其他偏好因素也可能通过改变其效用函数的形式来改变其对差异化商品某一特征水平的选择。

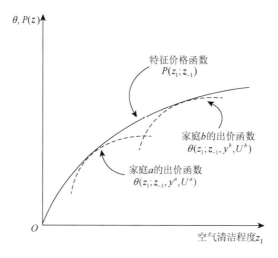

图 2-4　特征价格函数与出价函数：多重收入水平

析方便，我们假定对于所有的房屋供给者，成本 c 的函数形式都是一样的，各供给方区别于彼此的主要原因在于其成本参数 r 不同。如果房屋供给方想维持一个既定的利润水平 π^0，那么他在拍卖市场中的叫价就等于该利润水平和房屋供给成本之和，即 $\varphi = \pi^0 + c(r,z) = \varphi(r,z,\pi^0)$，这也称为供给方的叫价函数（offer function）。

给定房屋的其他所有特征 z_{-1}，房屋供给者或许可以边际性地提高房屋周围的空气质量水平，比如种植更多的绿植，或采用更为先进的空气过滤技术，安装小区范围内的空气净化装置，等等。显然，这样的努力会提高其房屋供给的成本，进而提高供给者对房屋的叫价，因此，图 2-5 中所显示的叫价函数是空气清洁程度的增函数。另外，对于任一给定的空气清洁程度，如果供给方所期待的利润水平更高，那么他在拍卖市场中的叫价就会更高，因此较高的利润水平 π^1 所对应的叫价函数曲线 $\varphi(z,r,\pi^1)$ 在上方，而较低利润水平 π^0 所对应的叫价函数曲线 $\varphi(z,r,\pi^0)$ 在下方。

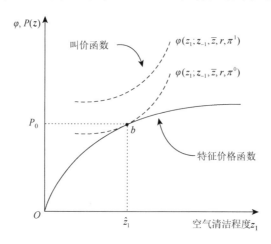

图 2-5　特征价格函数与叫价函数：给定成本结构

对于一个追求利润最大化目标的供给方而言，其当然想在更高的叫价水平上完成交易。但是，对于给定的特征价格函数 $P(z)$，供给者能够实现的最优选择一定是在其叫价函数曲线和特征价格函数曲线相切的位置 b，这一点唯一确定了一个供给方在市场中提供的房屋的空气清洁程度，及其能获得的利润。当然，不同的供给者有不同的成本结构，因此，他们各自进行最优化的决策后，会在房屋租赁市场中提供不同空气清洁程度的房屋，如图 2-6 所示。

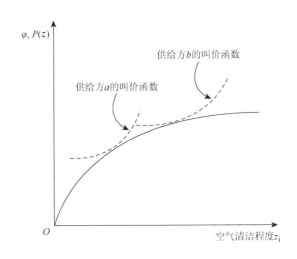

图 2-6　特征价格函数与叫价函数：多重成本结构

在分析了房屋租赁市场中消费者和供给者的最优决策逻辑之后，我们应该不难理解，在市场中观察到的特征价格函数曲线实际上是由一系列出价函数曲线和叫价函数曲线的切点组成的。在给定的预算约束下，某一个消费者到租赁市场上寻找符合自己最优决策的房屋时，他刚好能遇到这样一个供给者，他们对房屋的出价和叫价完全一致，而且对房屋周围空气质量水平的需求和供给也完全一致，最重要的是，这时消费者的出价函数曲线的斜率刚好等于供给者叫价函数曲线的斜率，二者就会在这样一个非常特殊的点上完成交易。因为消费方和供给方内部都存在明显的异质性（消费者的收入水平不同，供给者的成本结构不同），所以我们会在市场中观察到很多对这样的耦合，它们实际上代表了一对对出价函数曲线和叫价函数曲线的切点。当我们把这些切点连在一起时，就得到了在市场中观察到的特征价格函数曲线。值得说明的是，如果一个消费者在房屋租赁市场中没有找到对应的供给者，或者一个供给者在房屋租赁市场中没有找到对应的消费者，这种过剩需求或过剩供给将导致整个市场上的所有消费者和供给者重新调整自己的最优决策，从而达到新的均衡价格水平，形成新的特征价格函数，以及新均衡所伴随的新的效用水平和新的利润水平。具体演化过程如图 2-7 所示。相较于均质化商品市场而言，这是一种更复杂的市场调整机制。

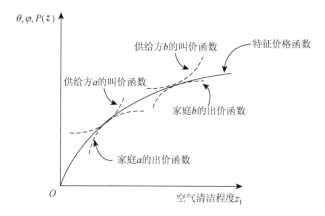

图 2-7   特征定价模型的市场均衡

通过上面的讨论我们知道，特征价格函数曲线是由一对对出价函数和叫价函数曲线的切点连接得到的。那么，在特征价格函数曲线上的每一个点上，特征价格函数曲线的斜率等于消费者出价函数曲线的斜率，也等于供给者叫价函数曲线的斜率。叫价函数曲线的斜率代表供给者在这一点上边际性地提高空气质量水平所要求的补偿，出价函数曲线的斜率代表消费者在这一点上边际性地提高空气质量水平所愿意支付的溢价。这说明，在特征价格函数曲线上的任意一点上，消费者和供给者对空气质量特征的边际价值评估是一样的，这一边际价值评估就等于我们观察到的特征价格函数在该点的斜率，即 $P_{z_1} = \partial P(z) / \partial z_1$。至此，我们在理论上说明了，为什么 P_{z_1} 可以作为对差异化商品进行价值评估的依据。如果我们把 z_1 所对应的特征价格函数的斜率画为一条曲线，该曲线对应的函数就是内涵价格函数（implicit price scheme）。内涵价格事实上反映了市场机制对差异化商品某一特征的均衡定价。在很多简化处理中，研究者往往采用内涵价格作为空气质量特征价值的估计。

但从理论上讲，我们仍不能把这一市场定价等价于人们对空气质量改善的支付意愿，因为支付意愿衡量的是消费者单方面对空气质量改善的评估，而不是市场均衡的结果。根据上文的分析，在内涵价格函数曲线上的每一个点上，内涵价格和消费者的边际支付意愿一致，因此内涵价格函数曲线上的每一个点都是其与某个消费者的边际支付意愿曲线的交点（图 2-8）。如果这些边际支付意愿曲线来自不同的消费者，那么对于任意一个消费者，我们实际上只能观察到其边际支付意愿曲线上的一个点，即其边际支付意愿曲线与内涵价格函数曲线的交点。仅有单个点的信息，我们无法估计整条边际支付意愿曲线，也就无法通过对边际支付意愿求取积分的方式，度量消费者对一定程度的空气质量改善的支付意愿。

因此，为了采用特征定价模型，经验性地评估消费者对空气质量改善的支付意愿，我们必须引入更强的假设。我们进一步假设，在内涵价格函数曲线上观察到的

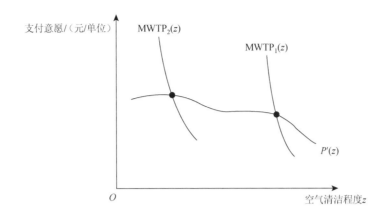

图 2-8　边际支付意愿与内涵价格函数

所有点都来自同一个消费者，或者说同质的消费者，内涵价格函数曲线在不同空气质量水平下对应的该特征的价格，代表了这一典型消费者对给定空气质量水平的支付意愿。在论述消费者的优化决策时，我们曾经提及，消费者在给定收入水平时，仅会唯一地选择一个空气质量水平进行消费。那么，这里为什么同一个消费者还可能选择不同的空气质量水平呢？这是因为，我们可以假想地认为这个消费者的收入水平和其他特征（如家庭结构等）发生了外生性的变化，导致其对空气质量水平的需求发生了变化，而这些外生性的变化都可以通过观测得到。在这一强假设下，我们就可以进一步地将差异化商品的特征价格 P_{z_1} 记为特征表现和消费者可观测特征的函数：

$$P_{z_1} = f(z, \boldsymbol{\alpha}) \tag{2-3}$$

其中，$\boldsymbol{\alpha}$ 表示消费者所有可观测特征的向量，比如他们的年龄、性别、受教育水平、家庭结构等。这时，我们就可以采用计量经济学的手段，在控制 $\boldsymbol{\alpha}$ 的情况下，估计空气质量特征的内涵价格 P_{z_1}，也即同质消费者的边际支付意愿与该特征的函数关系。这和我们在普通的均质化商品市场中估计需求曲线的做法是一致的。在得到上述边际支付意愿曲线后，我们就可以灵活地估计消费者对任一程度的空气质量改善的支付意愿了。

上面我们阐释了特征定价模型的逻辑推演过程。总结来看，采用特征定价模型估计差异化商品特征的价值主要包括以下几个步骤。

（1）通过观察市场中房屋的交易信息，估计房屋的特征价格函数 $P(z)$。

（2）根据房屋的特征价格函数，推演空气质量这一具体特征的内涵价格函数 $P_{z_1} = \partial P(z) / \partial z_1$。

（3）假设内涵价格函数来源于同质消费者在具备不同属性时的优化选择，并结合消费者属性的观测值，估计消费者在具备不同属性时对空气质量特征的边际支付意愿函数 $P_{z_1} = f(z, \boldsymbol{\alpha})$。

（4）根据消费者对空气质量特征的边际支付意愿函数，计算其对一定程度的空气质量改善的支付意愿。

值得说明的是，虽然本书以环境品价值评估的视角切入，采用通过房屋租赁市场这一特例来介绍评估空气质量改善价值的方法，但该方法作为一种有效的非市场价值评估方法，具有更一般、更广泛的应用范围。基本上所有可以通过差异化商品体现的公共品或共有品的价值，都可以采用特征价格法进行评估。比如，如果考虑房屋价格包含了其所在学区的教育资源的价值，我们就可以利用特征价格法评估人们对教育质量改善的支付意愿。类似地，如果房屋价格包含了其所在地区的城市交通资源的价值，我们就可以利用特征价格法评估人们对新建地铁项目的支付意愿。

虽然特征价格法是一个理论上完备的模型，但我们也要认识到，以该方法为基础的经验估计对计量技术的要求非常高。其不仅需要采用非常复杂的经验模型，而且需要大量的产品交易数据、产品特征数据，以及交易双方的人口特征数据。一方面，这些数据往往很难获得；另一方面，任何数据的遗漏或缺失都可能造成估计结果的偏误，也即我们对消费者对环境品支付意愿估计的偏误。除了满足数据完备性和经验估计的技术要求以外，采用特征价格法对环境品价值进行估计的另一个重要前提是，该环境品构成某一差异化商品的一个特征，而且该差异化商品在市场中可交易。如果环境品的价值和市场中差异化商品的交易是分离的，我们也无法采用特征价格法对环境品的价值进行估计。比如，对于在人迹罕至的荒漠中存在的自然风光，就无法将其联系到日常的市场交易之中，因此也无法通过特征价格法对其价值进行估计。对于此类环境资源的价值，我们可以采用旅行成本法进行估计。关于这一方法的具体介绍，请读者参见第 3 章的内容。

总之，在了解了特征价格法的原理后，我们应该认识到，这是一种理论上十分完备的方法，并尽量寻找合适的场景运用此方法估计环境品的价值。但我们同时也要认识到，特征价格法的应用有诸多限制，因而不能将其无限制地扩展应用于所有环境品价值评估的场景之中。对于无法应用特征价格法的估值场景，我们可以尝试本书后续章节介绍的其他方法。

■ 2.3　案例讨论 1：评估空气质量改善的价值

在 2.2 节中，我们厘清了特征价格法的价值评估原理。从总体上看，采用特征价格法评估环境品价值，首先需要找到一组包含了环境品并以其作为主要特征的差异化商品，然后通过以下三个主要步骤完成价值评估。

（1）估计环境特征-差异化商品价格关联的特征价格函数。

（2）将上述函数对环境品特征水平求一阶导数，得到内涵价格函数。

（3）在消费者偏好同质的强假设下，通过内涵价格函数估计消费者对环境品特征的边际支付意愿曲线。

一旦完成对边际支付意愿曲线的估计，我们就可以以一种理论上十分完美的形式，估计任何水平下，环境品特征变化所引致的消费者支付意愿的总体变动。

然而，由于经验估计技术上的困难，这种理论上完美的评估程序，在现实中几乎不可能实现。在 Rosen 发表了特征价格法的奠基性论文后的第二年，经济学家 Small 就在另一篇论文中指出"论文中几乎完全忽略了经验估计技术的困难，而这些困难，尤其是污染和其他不可观测的社区特征的相关性，是如此严重，以至于理论上完美的特征价格法在现实中毫无用处。我希望未来的研究工作可以着手解决这样的现实问题，它将决定特征价格法的成败命运"（Small，1975）。

遗憾的是，这些"经验估计技术上的困难"至今也没有得到完善的解决。我们很难找到通过特征价格法有效估计整个消费者边际支付意愿曲线的研究案例。但是，这并不意味着特征价格法一无是处。现有研究的进展虽然并不能提供有效的工具来估计完整的边际支付意愿曲线，但它们提供了解决 Small 所提出的遗漏变量（omitted variable）问题的方法，使得我们能够有效估计特定区间内的环境质量变化所引起的差异化商品价格的变化。如果我们进一步假定，所有消费者都是同质的，这样的结果至少可以让我们粗略地估计全社会对特定环境质量变化的支付意愿。

下面，我们仅以 Kenneth Chay 和 Michael Greenstone 于 2005 年发表在政治经济期刊上的文章"Does air quality matter? Evidence from the housing market"为例，介绍最新文献中，采用特征价格法经验性评估环境特征-差异化商品价格因果关联的主要思路和技术手段，以期帮助希望实践性操作特征价格法的读者。

在这一研究中，两位作者经验性地估计了由美国《清洁空气法案》（Clean Air Act）带来的空气质量改善的价值。具体地，作者利用了空气质量改善和地区房屋价格的关联关系，来估计这一支付意愿。显然，空气质量是一种典型的环境品，而房屋是一种典型的差异化商品。因此，这一情境高度契合特征价格法的方法论架构。事实上，正是由于这种高度契合的性质，在 Chay 和 Greenstone 之前，已经有很多学者对房屋价格和空气质量的关联进行了研究。他们的研究结果显示，这组关联极其微弱，房屋价格的空气污染弹性仅为–0.04 到–0.07，这和我们的常识推断有很大出入。房屋价格真的对空气质量变动不敏感吗？或者说，人们并不愿意对空气质量的改善进行溢价支付，他们的支付意愿接近于零吗？还是说，在上述经验估计中存在着系统性的计量技术缺陷？

Chay 和 Greenstone 认为是第二种原因。具体来说，大部分前人的研究采用不同地区、不同家庭或不同社区房屋的价格和空气质量的截面观测数据，估计这两个变量之间的关联。表面上看，这是一种符合常识的做法。但是，基于截面数据的估计很可能由于遗漏变量问题而产生偏误。比如，设想房屋价格和空气污染物浓度的真实关联弹性是–0.25，即空气污染物浓度下降1%，房屋价格将提高0.25%。但这组真实的关系可能会被许多经济环境中不可观测的噪声变量所掩盖。比如，无法量化的经济冲击，或者经济衰退。在经济衰退中，由于工厂减产，空气污染物浓度随之降低，空气质量改善；经济衰退一般还伴随着房地产市场衰退，房屋价格降低。因此，这种冲击可能同时拉低空气污染物浓度和房屋价格。当我们无法把经济衰退的冲击纳入计量模型时，这种冲击就会减弱甚至改变房屋价格和空气污染物浓度间的关联关系，造成严重的估计偏误。事实上，决定房屋价格的经济因素是如此之多，我们几乎不可能穷尽地观测所有因素。因此，在采用截面数据的估计中，遗漏变量问题几乎不可避免。

Chay 和 Greenstone 提出了一个基于工具变量的方法来排除遗漏变量的干扰，进而无偏地估计空气质量对房屋价格的影响。根据工具变量的定义，它仅能够通过影响空气质量来影响房屋价格，而不能独立地对房屋价格产生影响。按照这一思路，作者巧妙地选取了 1972 年在美国实施的《清洁空气法案》这一准自然实验做工具变量，来估计空气质量变化对房屋价格的因果影响。在 1970 年之前，改善空气质量属于美国各州政府的管辖职责，而不在联邦政府职责范围之内。出于自身经济利益的考虑，各州都不愿意采取过于严格的空气质量标准，因为这样会将污染企业驱赶到其他州，损害本州的经济利益。各州实施污染竞底（racing to the bottom）策略的结果是，美国在 20 世纪 60 年代发生了非常严重的空气污染危机。因此，美国联邦政府在 1970 年颁布了《清洁空气法案》，通过立法的形式将空气质量的管辖权收归到联邦政府层面，并同时成立了美国环境保护署（U.S. Environmental Protection Agency）作为环境政策的执行机构。根据《清洁空气法案》的规定，全美所有配置了空气质量监控系统的县（county）在每一年都会被按照其年均污染物浓度和年度内日均污染物浓度的峰值分为达标县和非达标县两类。具体而言，如果一个县年均总悬浮颗粒物（total suspended particles）的浓度超过 $75\mu g/m^3$，或者其本年内第二高的日均总悬浮颗粒物的浓度超过 $260\mu g/m^3$，则为非达标县，否则为达标县。该法案要求非达标县采取更为严格的污染排放管制措施，现有和新建工厂都需要进行大规模的环保投资，引进先进的污染物处理技术，设定严格的排放上限；而且新增污染产能必须由老旧产能的退出来抵消。对于达标县，上述管制就宽松很多。具体表现为，法案所要求的环保投资更低，对污染物处理技术的先进性要求更低，并不要求新旧产能的替代，而且对于达标县的中小企业更是不施加任何管制。

显然，这样的管制政策将会对各个县的空气质量产生不连续的外生冲击。设想有两个县，它们全年的日均总悬浮颗粒物浓度都不超过 $260\mu g/m^3$，第一个县的年均浓度为 $76\mu g/m^3$，第二个县为 $74\mu g/m^3$。那么，这两个县可能非常相似，其空气污染水平没有本质的差异。但根据《清洁空气法案》的规定，第一个县将归属为非达标县，第二个县则为达标县，管制将导致这两个县的空气质量产生不连续的变化。而且，这种不连续的变化仅仅是由是否施加管制造成的，和其他所有可观测和不可观测的变量无关。这种管制并不针对房地产市场，我们没有任何理由想象该政策会对房地产市场产生直接的影响。所以，政策冲击→空气质量不连续变化→平均房屋价格变化，将是该政策影响各县平均房屋价格唯一可能的因果链条。那么，以这种独立的非连续的空气质量变化为基础，估计房屋价格的相应变化就可以无偏地估计出空气质量对房屋价格影响的因果关联。

Chay 和 Greenstone 采用工具变量法的估计结果显示，空气清洁法案的政策冲击导致非达标县的年均总悬浮颗粒物浓度下降了 $9\sim10\mu g/m^3$，非达标县的平均房屋价格上升了 2~3.5 个百分点，这相当于 $1\mu g/m^3$ 的总悬浮颗粒物浓度的下降将带来房屋价格 0.2%~0.4% 的上升。进一步地，作者尝试调整回归方程的结构，采用不同的回归技术，构建不同的工具变量以及房屋价格和空气污染程度的度量指标。他们发现，无论如何调整分析构架，上述数值结论都是基本稳健的。过去以截面数据为主的分析结果经常会随着分析构架的调整而变化，有时甚至出现有违常识的估计结果，这其实表征了其经验估计技术的缺陷。相较于这些文献，Chay 和 Greenstone 的研究结论的稳健性代表了经验估计技术的改进，这说明，采用工具变量法能够较好地揭示房屋这一差异化商品的价格与空气质量水平在《清洁空气法案》带来的空气质量改善的质量区间内的相关关系。

如果我们进一步假设，所有房屋的消费者都是同质的，那么 Chay 和 Greenstone 的经验估计结果就可以代表他们对由《清洁空气法案》管制带来的空气质量改善的平均支付意愿。简单的加乘测算显示，这一改善通过房地产市场表现出来的价值即达到了 450 亿美元。当然，由于我们并不知道实施《清洁空气法案》管制所付出的政策执行成本和其他社会成本，所以我们并不能确切知道这一环境管制的净收益。但无论如何，人们通过房屋交易体现出来的对这一政策下空气质量改善的支付意愿仍是一个巨大的数字。

Chay 和 Greenstone 的研究的另一个主要贡献在于，他们讨论了在估计环境品的特征价格函数时，可能遇到的特质分拣（sorting）问题。特质分拣，是指消费者对清洁空气的偏好程度是不同的，所以那些更偏好清洁空气的消费者会聚集在具有高品质空气质量的地区，而对清洁空气偏好程度较低的消费者会选择居住在空气质量较差的地区。这种现实中极可能出现的特质分拣现象，打破了消费者偏好同质这一极强的假设。如图 2-9 所示，如果假设所有消费者对空气质量的偏好同质，那这统一的偏好将体现为 P_1 所对应的内涵价格函数。但是，当考虑消费者可能具有不同的空气质量偏好，并且根据自己的偏好选择居住地点时，那么，在房屋市场中选择了较高空气质量水平的消费者很可能更为偏好清洁空气，因而对空气质量改善有更高的支付意愿，他们的边际支付意愿曲线由 D_1 代表。相反，那些居住在空气质量水平较低地区的消费者往往对空气质量改善的边际支付意愿也更低，这可能由 D_2 曲线代表。在现有的数据基础上，我们只能观测到某个观测单元的特定空气质量选择，因此，我们事实上最多只能估计出来各个消费者的边际支付意愿曲线和内涵价格函数曲线的交点，而无法估计每一个观测单元的边际支付意愿曲线。Chay 和 Greenstone 的研究也仅是采用计量方法，判断出特质分拣现象的确存在，而无法估计出具有不同空气质量偏好的人群各自的边际支付意愿曲线。

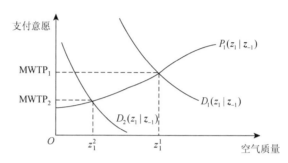

图 2-9　存在特质分拣的环境品特征价值

　　特质分拣现象的存在对政策制定和政策福利分析具有重要影响。如果假定人们对空气质量的偏好同质，根据边际效用递减的普遍原则，空气污染的治理政策应该倾向于那些重污染的地区。因为在重污染地区，空气品质是一种非常稀缺的环境品，此时，边际性地提高一个单位的空气质量所带来的效用提升，应高于在空气质量较好的地区做同样的努力。但是，在特质分拣的前提下，政策制定者可能首先需要考虑改善空气质量较好的地区的大气污染问题，因为这里的居民对空气质量改善的支付意愿可能系统性地高于其他地区的居民。

　　总结来看，相较于采用特征价格法估计出边际支付意愿曲线这一宏大的终极目标而言，Chay 和 Greenstone 的研究成果只能代表其间有限的一部分进展。他们得到了《清洁空气法案》的实施所带来的空气质量的改善，以及人们通过房屋交易所表达出来的对这一特定区间的改善的平均支付意愿的估计结果。我们事实上只是知道了特征价格函数的一个特定区间，并没有成功获取整个特征价格函数的信息，更没有得到消费者边际支付意愿曲线的整体估计结果。而且，针对《清洁空气法案》的成本-收益分析而言，Chay 和 Greenstone 的研究也仅显示了该环境管制通过房地产市场表现出来的价值，而并未包括空气质量改善所带来的其他外部性价值，包括健康收益、作物的生长收益、生态收益等等，因此，Chay 和 Greenstone 估计得到的 450 亿美元的价值也并不能代表这一法案的总体环境收益。由此可见，环境品价值评估是一项复杂、细致，有时甚至宏大的任务！

2.4　案例讨论 2：统计生命价值评估

如前文所述，环境保护程度的选择应该建立在成本和收益相平衡的基础之上。无论是空气质量下降，还是水体污染，其直接后果之一就是人类健康状况的恶化。换一个角度看，进行环境保护管制的重要收益之一也是人类死亡风险的降低。因此，估计统计生命价值是进行环境保护的成本–收益分析，评估潜在环境保护管制措施可行性的重要决策依据之一。

那么，统计生命价值是什么呢？按照西方学者的定义，它是从人们对一定的死亡风险降低程度的支付意愿出发，推断将死亡风险从 100% 降低为 0 时，人们对这样的风险程度变化的支付意愿。比如，如果人们愿意每年支付 500 元，将年均死亡风险暴露程度从 0.000 02 降低至 0.000 01（死亡风险降低了 0.000 01），西方学者常常估算，该人群对统计生命价值的评估为 500 元/0.000 01 = 5000 万元。

依照上述逻辑，西方学者在估算统计生命价值的过程中，最重要的步骤是找到、评估或估计人们为了规避一定程度的死亡风险而愿意付出的货币等价。如果我们在现实生活中细心观察人类的行为，尤其是那些具有风险的行为，就会发现，很多人超速开车、吸烟、从事高风险的职业，或者将攀岩、登山等运动视为自己的爱好。他们中的绝大部分人在进行上述活动时，至少能够在一定程度上认识到这些活动有致死的风险，但他们为了在上述活动中获得快感（增加效用）而宁愿承担一定的风险。另外，也有很多人为了规避死亡的风险，积极锻炼身体，接种疫苗，在家中增设危险防护装置，这些行为事实上都需要付出一定的成本或代价。以上对比说明，人们在理性地看待死亡风险，并在这一风险和收益之间进行权衡。因此，虽然几乎没有人愿意为了金钱的补偿放弃自己的生命，但是从其对待死亡风险的态度出发，我们仍可以在统计意义上推断生命价值。

在某些西方国家的学术研究和政策制定过程中，学者曾开发出多种方法评估统计生命价值，其中之一是利用人们在劳动力市场中表现出来的对死亡风险–工资溢价这组关联的权衡，来测度他们对生命价值的支付意愿。我们知道，工资率水平由许多因素共同决定，比如受雇者的受教育水平、工作经验、工作所在地的吸引力及该地区的平均消费水平等。工作环境中的死亡风险暴露程度是决定工资率水平的重要因素之一。设想两个职责和能力要求完全一致的数据工程师岗位，一个设在日本东京核电站，一个设在东芝工厂。如果决定这两个岗位工资水平的其他因素都相同，而唯有死亡风险暴露水平不同，那么第一份工作应支付给应聘者更高的工资，以吸引到具有同等能力和经验水平的人才。不难理解，如果最终接受这两份工作的应聘人，其能力和经验水平都相同，则第一份工作相较于第二份工作的工资溢价就代表了均衡市场中人们对于死亡风险程度变化的价值评估。

进一步地，如果把这样一份工作视为一件差异化商品，其价格就是工资率水平，工作环境的死亡风险暴露则是该差异化商品的特征之一。按照这一思路，学者采用本章中所介绍的特征定价模型来估计统计生命价值。具体来说，他们首先搜集不同工作的岗位特征和工资率的数据，再利用上述数据，结合适当的计量经济学手段，估计方程（2-4）中的工资率和死亡风险暴露程度的关联关系。其中，π 表示工作岗位的死亡风险暴露程度，z 表示这一工作岗位所对应的其他所有特征。

$$w = f(\pi, z) + \varepsilon \tag{2-4}$$

这组关联关系实质上就代表了特征定价法的特征价格函数。经由特征价格函数，则可以计算内涵价格函数 $\partial f(\pi, z) / \partial \pi$。这一内涵价格就代表了人们对于死亡风险一个单位的变化所愿意进行的支付。也就是说，如果死亡风险程度从 1 变化至 0，线性推断告诉我们，人们会愿意为了这样的风险变动支付 $\partial f(\pi, z) / \partial \pi$ 的货币等价，即统计生命价值 $\text{VSL} = \partial f(\pi, z) / \partial \pi$。

在用式（2-4）估计统计生命价值时，有两点值得说明。第一，工资率和工作的死亡风险暴露关联程度可能会随着死亡风险暴露水平的变化而变化，也就是说，特征价格函数的斜率可能并不是常数。那么，采用上文所说的线性推断方法估计人们对死亡风险从 1 到 0 的变化的支付意愿就不尽合理。或许，一个更合理的处理方式是只考虑特定程度的死亡风险水平变动所对应的支付意愿（图 2-10）。比如，当工作的年均死亡风险暴露程度从十万分之二降低至十万分之一时，人们愿意每年牺牲 500 元的工资收入来获得这样的风险降低。那么，一个社会在总体上将死亡风险做同样程度的改善后，可以大致推断，这样的改善措施所带来的健康收益约为 500 元乘以全社会的总人口数量。

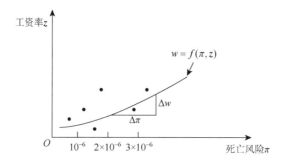

图 2-10　工资率水平随着死亡风险暴露程度的非线性变化

第二，统计生命价值仅仅具有统计学上的意义，它不同于单纯的生命价值，甚至与生命价值是两个在概念上就不同的度量。如果生命有价值，那这一价值应该等于人们放弃生命所需要获得的利益补偿。显然，绝大多数人不会为了任何货币补偿而放弃自己的生命，因此"生命无价"的说法是对的。西方学术界开发出的统计生命价值概念是指，人们为了规避一定程度的死亡风险而愿意放弃的货币利益，或者是人们以死亡风险上升为代价获取的一定的货币化福利。试想，在死亡风险暴露水平几近于 0 的区间，当微量提高这一风险时，特征价格的变化幅度可能很小，因而人们对这一轻微风险变动的货币化估值也比较温和。但是，在死亡风险暴露水平几近于 1（100%）的区间附近，如果能够轻微降低这一风险，特征价格的变化幅度就会很大，这说明人们为了获得一线生机而愿意承担巨大的经济损失。这种现象，也与日常生活中常常提及的"生命无价"的常识相一致。

那么，既然关联工资率-死亡风险暴露水平的特征价格函数的斜率不断变化，与其所对应的统计生命价值的估计值也不断变化，我们究竟应该采纳哪一个估计呢？西方学者指出，这取决于死亡风险暴露的具体程度。事实上，估计统计生命价值的最终目的，是要使用这一参数评估相应环境政策的货币化健康收益。比如，某个城市的人口约为一百万人，该市实施了一项大气污染防治措施，可以使得该市的年均细颗粒物（$PM_{2.5}$）浓度从 75μg / m³ 降低至 65μg / m³，这一大气污染物浓度变化将使得由于大气污染所导致的人口死亡风险从 0.000 02 降低至 0.000 01。根据劳动力市场中特征价格定价法的估计，学者发现对应这一水平的风险程度变化，人均支付意愿为 500 元。那么，这一大气污染防治措施带来的与死亡风险降低相关联的健康收益则为 500 元乘以该市的总人口，即 5 亿元。从一种角度理解，这 5 亿元是所有市民对一定程度的死亡风险降低的支付意愿的总和。从另一种角度理解，当大气污染所导致的人口死亡风险从 0.000 02 降低至 0.000 01 时，由于该市有一百万人口，因此在统计上该市有 10 个人免于由空气污染导致的死亡；根据劳动力市场中特征价格定价法估计得到的统计生命价值为 5000 万元。那么，这 10 个统计生命损失的避免也等价于 5 亿元的支付。如果细心计算就会发现，只要聚焦于特定水平的死亡风险暴露水平和风险变化程度，上述两种思路得到的计算结果就一定是一致的。

以上，我们介绍了西方学者如何利用特征定价模型和劳动力市场的相关数据，估计统计生命价值。尽管这一估计涉及概念上的争论和辨析，但就方法而言，却是较为简洁清晰的，即估计出特征价格函数，获得其在具体区间的斜率，这一斜率的值即为统计生命价值。但是，西方学者也指出，在利用特征定价模型估计统计生命价值时，有三个技术上的困难需要特别关注。第一，该任务需要通过特征价格函数构建工资率和死亡风险的关联关系。工资率是一个可观测的客观指标，但是对于死亡风险而言，应采用客观风险还是个体对该风险的主观认知进行度量，仍是现有文献讨论的焦点问题之一。第二，人们的风险偏好程度不同，很可能是风险厌恶程度较低的人选择了高风险的工作，而风险厌恶程度较高的人选择了低风险的工作，而且这两类人对同等程度上风险变动所要求的货币补偿也很可能不同。由于个体的风险偏好在很大程度上是无法直接观测的，这就出现了 Chay 和 Greenstone 研究中出现的特质分拣问题。如何利用有效的计量经济学手段克服上述问题，也是现有研究的难点之一。第三，在估计工资率和死亡风险暴露程度的关联关系时，我们需要控制一系列影响工资率水平的协变量 z，工人的年龄是重要的协变量之一。给定不同的年龄取值，我们可能得到不同的统计生命价值。比如，经济学家约瑟夫·阿迪尔（Joseph Aldy）和卡西·基普维斯（Kip Viscusi）的研究发现，28 岁人群的统计生命价值超过 500 万美元，而 51 岁人群的统计生命价值仅为 250 万美元。他们的研究进一步表明，人群的统计生命价值从 18 岁到 30 岁一直增长，随后下降。根据这类研究，美国行政管理和预算局（U.S. Office of Management and Budget）在制定 2003 年版本的标准时，设定 70 岁以上的老年人群的统计生命价值低于年轻人群。根据本章对统计生命价值概念的叙述，这一逻辑显然是合理的，但公众却无法接受这种将"老人的生命价值打折"的提议，而来自公众的压力也最后迫使美国行政管理和预算局收回了这一提议。因此，如何在现实政策选择中应用统计生命价值估计的结果，仍然面临重重困境。

西方学者已经利用劳动力市场数据，采用特征定价模型，对部分国家的统计生命价值进行了评估。从表 2-1 中可以看出，这一关键价值参数的估计具有相对稳定的分布特征。第一，总体上看，高收入国家通过劳动力市场表现出来的统计生命价值更高；而人均收入水平较低的国家，其统计生命价值估计总体较低。第二，对大多数国家而言，其统计生命价值呈现上升的趋势。从表 2-1 中可以看到，这一趋势不仅存在于加拿大和英国这样的发达国家，也存在于印度这样的发展中国家。因此，就科学研究和政策制定而言，在不同地区和不同时点上准确合理地估计统计生命价值是一个常叙常新的重要话题。

表 2-1　统计生命价值估计汇总

作者	研究发表年份	国家（地区）	统计生命价值估计（2000 年百万美元标价）
Kniesner 和 Leeth	1991	澳大利亚	4.2
Miller 等	1997	澳大利亚	11.3～19.1
Weiss 等	1986	奥地利	3.9～6.5
Meng	1989	加拿大	3.9～4.7
Meng 和 Smith	1990	加拿大	6.5～10.3
Cousineau 等	1992	加拿大	4.6
Martinello 和 Meng	1992	加拿大	2.2～6.8
Lanoie 等	1995	加拿大	19.6～21.7
Meng 和 Smith	1999	加拿大	5.1～5.3
Marin 和 Psacharopoulos	1982	英国	4.2
Siebert 和 Wei	1994	英国	9.4～11.5

续表

作者	研究发表年份	国家（地区）	统计生命价值估计（2000 年百万美元标价）
Sandy 和 Elliott	1996	英国	5.2～69.4
Arabsheibani 和 Marin	2000	英国	19.9
Sandy 等	2001	英国	5.7～74.1
Kniesner 和 Leeth	1991	日本	9.7
Baranzini 和 Ferro Luzzi	2001	瑞士	6.3～8.6
Kim 和 Fishback	1993	韩国	0.8
Shanmugam	1996	印度	1.2～1.5
Shanmugam	2000	印度	1.0～1.4
Shanmugam	2001	印度	4.1

本章参考文献

Arabsheibani G R，Marin A. 2000. Stability of estimates of the compensation for danger. Journal of Risk and Uncertainty，20（3）：247-269.

Baranzini A，Ferro Luzzi G. 2001. The economic value of risks to life：evidence from the Swiss labour market. Swiss Journal of Economics and Statistics，137（2）：149-170.

Chay K Y，Greenstone M. 2005. Does air quality matter？Evidence from the housing market. Journal of Political Economy，113（2）：376-424.

Cousineau J M，Lacroix R，Girard A M. 1992. Occupational hazard and wage compensating differentials. The Review of Economics and Statistics，74（1）：166-169.

Day B H. 2001. The theory of hedonic markets：obtaining welfare measures for changes in environmental quality using hedonic market data. London：Center for Social and Economic Research on the Global Environment（CSERGE）.

Kim S W，Fishback P V. 1993. Institutional change，compensating differentials，and accident risk in American railroading，1892-1945. Journal of Economic History，53（4）：796-823.

Kniesner T J，Leeth J D. 1991. Compensating wage differentials for fatal injury risk in Australia，Japan，and the United States. Journal of Risk and Uncertainty，4（1）：75-90.

Lanoie P，Pedro C，Latour R. 1995. The value of a statistical life：a comparison of two approaches. Journal of Risk and Uncertainty，10（3）：235-257.

Liu J T，Hammitt J K. 1999. Perceived risk and value of workplace safety in a developing country. Journal of Risk Research，2（3）：263-275.

Marin A，Psacharopoulos G. 1982. The reward for risk in the labor market：evidence from the United Kingdom and a reconciliation with other studies. Journal of Political Economy，90（4）：827-853.

Martinello F，Meng R. 1992. Workplace risks and the value of hazard avoidance. The Canadian Journal of Economics，25（2）：333-345.

Meng R. 1989. Compensating differences in the Canadian labour market. Canadian Journal of Economics，22（2）：413-424.

Meng R，Smith D A. 1999. The impact of workers' compensation on wage premiums for job hazards. Applied Economics，31（9）：1101-1108.

Meng R A，Smith D A. 1990. The valuation of risk of death in public sector decision-making. Canadian Public Policy-Analyse de Politiques，16（2）：137-144.

Miller P，Mulvey C，Norris K. 1997. Compensating differentials for risk of death in Australia. Economic Record，73（223）：363-372.

Rosen S. 1974. Hedonic prices and implicit markets：product differentiation in pure competition. Journal of Political Economy，82（1）：34-55.

Sandy R，Elliott R F. 1996. Unions and risk：their impact on the level of compensation for fatal ris. Economica，63（250）：291-309.

Sandy R，Elliott R F，Siebert W S，et al. 2001. Measurement error and the effects of unions on the compensating differentials for fatal workplace risks. Journal of Risk and Uncertainty，23（1）：33-56.

Shanmugam K R. 1996. The value of life：estimates from Indian labour market. Indian Economic Journal，44（4）：105-114.

Shanmugam K R. 2000. Valuations of life and injury risks. Environmental and Resource Economics，16（4）：379-389.

Shanmugam K R. 2001. Self selection bias in the estimates of compensating differentials for job risks in India. Journal of Risk and Uncertainty，22（3）：263-275.

Siebert W S，Wei X. 1994. Compensating wage differentials for workplace accidents：evidence for union and nonunion workers in the UK. Journal of Risk and Uncertainty，9（1）：61-76.

Small K A. 1975. Air pollution and property values：further comment. The Review of Economics and Statistics，57（1）：105-107.

Weiss P，Maier G，Gerking S. 1986. The economic evaluation of job safety：a methodological survey and some estimates for Austria. Empirica，13（1）：53-67.

第3章

旅行成本法

【引言】

旅行成本法是最古老的环境品价值评估方法之一,其概念的提出可以追溯到第二次世界大战结束不久的 1947 年。当时,美国国家公园管理局(National Park Service)急需对国家公园①进行价值评估,以便确定具体的财政经费支持额度。就这一问题,公园管理局向多位经济学家发起咨询,其中哈罗德·霍特林(Harold Hotelling)的建议最具深远影响:"我们应该以一个公园为中心,将国土分为若干同心区域,使得从每一个同心区域到达目标公园的旅行成本非常相似。然后,清点来自不同同心区域的公园访客人数。这些人来到公园游览,说明他们对公园的生态观赏价值的评价应该至少高于他们来到公园的旅行成本,这一成本可以被精确估计。我们通过联系来自不同区域的访客人数和从这些区域到达目标公园的旅行成本,可以构建对于公园生态服务这一特殊商品的需求曲线。进一步地,通过对该需求曲线的特定部分进行积分,就可以估计人们对国家公园生态服务的支付意愿。"哈罗德·霍特林的论述扼要勾勒了旅行成本法的基本思路,我们将在本章拓展阐释这一思想,并讨论其用于环境品价值评估的优势和可能局限。

一般来说,旅行成本法多用于评估山川、峡谷、河流、森林等具有休闲娱乐功能的自然景观的价值。显然,人们乐意到这些自然环境中旅行、放松消遣,一定是因为他们可以从这样的活动中获得效用。相应地,为了完成这样的旅行,游客也需要支付一系列成本,比如旅行目的区域的门票费用、往返旅行地的交通费用、在旅行地的住宿和餐饮费用,以及旅行期间的时间成本等。如果人们的旅行决定是理性的,那么,他们从旅行中获得的效用一定大于其为了完成旅行所需支付的成本总和,

---

① 在美国,国家公园一般建立在具有重要生态和地理价值的原始生态区,其建立旨在有效保护这些原始生态区,并且通过最低干预程度的管理方式为公众提供游览这些原始生态区的便利。

即旅行成本。游客从旅行中获得的效用，近似等于他们为了维持这一环境品的生态服务的支付意愿，这一支付意愿可以用于估计自然景观生态的部分价值。因此，从某种意义上说，旅行成本度量的是自然景观用于旅游休闲目的的使用价值，其无法度量自然景观的其他使用价值和非使用价值。

那么，如何通过观察和解析旅行成本，来估计人们对自然景观的这部分支付意愿呢？一种最简捷的思路是，直接加总全社会的旅行花费和旅行时间成本，这时我们获得了人们对自然景观的支付意愿的下界，但这样的下界估计依然和人们真实的支付意愿相去甚远，我们需要找到更精确的估计方法。

根据微观经济学的理论推演，需求曲线代表了人们对每一单位商品的边际支付意愿，人们对商品总的支付意愿可以通过对这些边际支付意愿进行积分得到，因此总的支付意愿等于一定消费量内需求曲线下方的面积。所以，如果能够估计人们对自然景观生态服务的旅游休闲需求曲线，我们即可以通过积分的方法估计其支付意愿。作为一种正常商品，人们对自然景观的旅游休闲需求应该也符合边际递减规律，即需求曲线向下倾斜。也就是说，人们到某景区旅行获得的效用满足程度和他们的支付意愿都会随着旅行次数的增加而下降。如果我们可以明确知道每一个个体对每一次旅行的具体支付意愿，就可以描画出每一个个体对自然景观生态服务的旅游休闲需求曲线，再将这些需求曲线横向加总得到全社会的总需求曲线，以此，就可以部分估计全社会总体上对维护一个自然景观的支付意愿。但现实中，我们显然无法知道个体对每一次旅行的支付意愿，而只能观察到个体的旅行次数和为了旅行所支付的成本。这就如同我们在普通商品市场里，无法观察到人们对每一斤橘子的支付意愿，而仅能观察到其买了多少斤橘子，以及为每斤橘子付出了什么样的价格（市场均衡表现）。基于这样的信息，我们需要通过有效的计量手段估计全社会对特定商品的需求曲线。旅行成本法就是用来估计全社会对自然景观生态服务的旅游休闲需求及其价值的最常见的方法。

3.1 单一景观的旅行成本估计方法

现在，我们从一个简单模型开始，介绍旅行成本法。在这一模型中，假设待估值的自然景观唯一，且不可替代，因此其他自然景观的存在不会影响人们到该目标景观旅行的决策，亦即不会影响人们对该自然景观生态服务的需求。此时，个体的消费决策就是在总支出不高于其劳动收入的预算约束下，选择每年到该景观旅行的次数 v，以及另外一种涵盖其他所有生活中必须消费的标准化商品的数量 x，以最大化其个体效用。不失一般性地，可以进一步假设该标准化商品的价格为 1。这时，消费者的优化问题可以写为

$$\max_{x,v} U(x,v)$$
$$\text{s.t. } wL = x + (p_0 + f)v \tag{3-1}$$

其中，U 表示消费者效用函数；w 表示工资率水平；L 表示该消费者的工作时长；p_0 表示其到该自然景观旅行所需实际支付的必要成本，包括往返交通费用和在当地的食宿费用；f 表示这一自然景观的门票价格。但是式（3-1）中的优化模型设定显然遗漏了旅行过程中的另一类重要成本，即旅行的时间成本。为了考虑这一问题，我们在式（3-1）的两端均加入 w、t_t、v，其中 t_t 表示消费者平均单次旅行的时长。此时，同样的优化问题可以重新写为

$$\max_{x,v} U(x,v)$$
$$\text{s.t. } w(L + t_t v) = x + (p_0 + f + wt_t)v \tag{3-2}$$

从数学优化角度看，式（3-2）所表达的优化问题同式（3-1）是相同的。但是，在式（3-2）中，预算式左手边考虑了消费者的工作时长和每年用于旅行的时长总和，即 $L + t_t v$，并采用同样的工资率 w 来衡量时间成本。这一做法的隐含假设是，如果消费者不将这部分时间用于旅行，而用于工作，其可以产生同等的工资回报。显然，该假设未必总是成立。我们将在"旅行成本法的局限及其解决方案"部分继续讨论应该以何种标准度量旅行的时间成本；而在此部分我们仍暂时采用以工资率来度量旅行时间成本的做法。同时，式（3-2）中，约束算式的右手部分明确显示出，时间成本 wt_t 和 $p_0 + f$ 一样，是每次旅行的必要成本之一，出现在旅行次数 v 的系数中。我们将这一系数记为 $p_t (p_t = p_0 + f + wt_t)$，$p_t$ 即为单次旅行的总成本，将所有在可工作时间 $L + t_t v$ 内可以取得的收入记为 y，此时，式（3-2）可以简写为

$$\max_{x,v} U(x,v)$$
$$\text{s.t. } y = w(L + t_t v) = x + p_t v \tag{3-3}$$

对比式（3-1）和式（3-3），这两个优化模型从数学意义上看是完全同质的。但在采用式（3-3）的模型进行价值估计时，有更多参数以更合理的方式进入了估算过程，因此也会得到更为准确的价值评估结果。根据式（3-3）中描述的优化问题，给定个体的效用函数，个体每年选择的最优旅行次数可写为该优化问题中各参数的函数，即 $v = f(p_t, y)$。个体每年的旅行次数反映了其对这一特定自然景观旅游休闲服务的需求，因此，$v = f(p_t, y)$ 就可以反映该需求与旅行价格（旅行成本）之间的关联关系，进而描述对自然景观旅游休闲服务的需求曲线。在上述模型中，我们仅以收入水平衡量不同个体之间的异质性。事实上，个体的许多其他特征也可能会影响其旅游决策，比如年龄、受教育水平等。如果把这些因素纳入式（3-3）的优化模型之中，模型虽然会因涉及更多参数而变得更为复杂，但其基本的优化思想不变。由此，我们可以得到一个更为复杂的需求与价格的关联关系，即 $v = f(p_t, y, z)$，其中，

z 表示个体特征向量，代表除收入水平外，其余所有可能影响旅游决策的个体因素。

通过上述推导，我们构建了对自然景观旅游生态服务的需求与旅行成本的理论关联关系。进一步地，我们还需要利用现实数据，经验性地估计这一关联关系。学者根据数据的可获得性，以及待评估自然景观的特征提出了多种多样的经验评估方式，本书仅介绍哈罗德·霍特林最早提出的分区评估方法，对于其他更晚近的经验评估方法，请读者们参阅其他文献。

根据哈罗德·霍特林的思想，我们首先以待评估的自然景观为中心，将拟评估范围划分为 N 个区域。这种划分首先应保证从区域 i 内到达该自然景观的旅行成本 p_i 非常相似，其中 $i = 1, 2, \cdots, N$，而且每一个区域内的经济社会统计特征也较为相似。我们用 y_i 代表区域内的平均收入水平，用向量 z_i 代表该区域的其他可能影响旅行决策的经济社会特征，如区域内人口的平均受教育水平、区域内青年人口比例等。上述信息大多为公开发表的统计数据。

获得上述信息后，我们将在待评估的自然景观入口处，随机调查一部分样本人群，询问他们的居住地，以及每年到访该自然景观的次数。同时，我们还应从自然景观管理处获得每年到访该自然景观的总人次 X。以调查样本数据为基础，我们可以加总得到该样本内的总到访人次 S，以及来自区域 i 的到访人次 s_i，并计算出样本中来自区域 i 的到访人次比例 r_i（$r_i = \dfrac{s_i}{S}$）。因为此样本为随机抽取，所以采用该样本中来自区域 i 的到访人次的比例，可以无偏估计每年来自区域 i 的到访人次 x_i，即 $x_i = r_i X = \dfrac{s_i}{S} X$。然后，我们再将 x_i 除以区域 i 的人口数量 V_i，即可得到区域 i 内人口每年对该自然景观的到访率 v_i，即 $v_i = x_i / V_i$。

显然，在控制其他影响旅行决策的因素后，v_i 会随着旅行成本的提高而逐步降低，即区域 i 内人口对自然景观的到访率 v_i 是该区域旅行成本 p_i 的减函数。哈罗德·霍特林的方法的核心就是利用计量模型估计 v_i 和 p_i 的关联程度，即 $v_i = g(p_i, y_i, z_i)$。一种最简单的实现上述估计的方法是多元线性回归方法，即把函数 g 写成如下形式：

$$v_i = \alpha_0 + \alpha_1 p_i + \alpha_1 y_i + \boldsymbol{\beta} \boldsymbol{z}_i + \varepsilon_i \tag{3-4}$$

利用每个地区的观测数据估计式（3-4）中的多元线性回归方程[①]，并得到参数 α_1 的估计结果。我们假设，控制可观测变量的差异后，所有区域内人口对目标自然景观的到访率与旅行成本的关联程度是一致的，α_1 可以代表这一一致的关联程度。因此，对于任一区域而言，我们都可以写出一个到访率与旅行成本的关联方程：

$$v_i = \gamma_i + \alpha_1 p_i \tag{3-5}$$

---

① 本书仅以多元线性回归方法为例，简述旅行成本法的经验估计思路。实践中具体的经验估计方法的选择取决于具体的数据特征和结构，而并不一定是多元线性回归方法。

　　此时 γ_i 为该线性方程的截距，它包含了式（3-4）中 $\alpha_0 + \alpha_1 y_i + \boldsymbol{\beta} \boldsymbol{z}_i$ 的部分，对于每一区域，由于其经济社会特征表现不同，该截距的取值也不同；但对于每一个区域，α_1 的取值都是相同的。也就是说，每一个区域内人口对自然景观的到访率与旅行成本的关联方程有不同的截距，但有相同的斜率。如图 3-1 所示，区域 I 和区域 II 内人口对自然景观的到访率与旅行成本的关联曲线互相平行，但区域 II 的曲线在区域 I 的右侧，这可能是因为区域 II 较区域 I 有更高的人均收入水平，或者人均受教育水平，因此，即使在两个区域旅行成本相同的情况下，区域 II 内人口对自然景观的到访率也会更高。

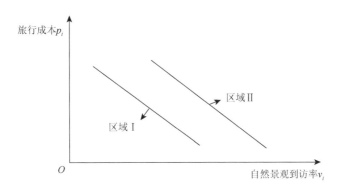

图 3-1　自然景观到访率与旅行成本的关联关系

　　一个可能的疑问是，在图 3-1 中，每一个区域对应一条关联曲线，该曲线遍历了多个旅行成本水平，而在上述经验评估方法的介绍中，每个区域对应的旅行成本不是唯一的吗？事实上，我们只是根据观察到的各区域旅行成本、对自然景观的到访率，以及其他可能影响旅行决策的特征数据来估计 α_1。一旦得到 α_1 的估计结果，我们认为该关联程度可以应用于所有区域的所有旅行成本水平上，由此得到了图 3-1 所示的关联曲线。在此，我们不妨做一个想象实验。假设观察到区域 k 内人口对自然景观的到访率和旅行成本分别为 v_k 和 p_k，此时，如果该自然景观突然提高门票价格，导致区域 k 的旅行成本提高至 p_k'，我们该如何预测区域 k 内人口对新的自然景观的到访率 v_k' 呢？我们可以根据方程（3-5）的估计，计算 $v_k' = \gamma_k + \alpha_1 p_k'$。

　　在估计了每一个区域内人口对自然景观的到访率与旅行成本的关联方程后，我们可以用各个区域的人口数乘以到访率，得到其到访人次，并用到访人次置换到访率，获得每一个区域旅行人次与旅行成本的关联关系，即各区域人口对目标自然景观旅游生态服务的需求曲线（图 3-2）。图 3-2 所示区域 i 内人口对目标自然景观旅游生态服务的需求曲线实际上就代表了我们上文所说的区域 i 内人口对目标自然景观旅游生态服务的边际支付意愿。因此，对这条需求曲线 $[0, C_i]$ 的部分进行积分，我们就可以获得区域 i 内人口对目标自然景观旅游生态服务总的支付意愿的估计结果，如图 3-2 中阴影面积所示。其中，C_i 表示从区域 i 出发到目标自然景观旅游的实际发生人次。

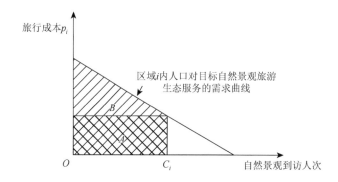

图 3-2　自然景观旅游生态服务支付意愿构成

我们可以遍历所有区域，重复上述步骤，估计各区域人口对目标自然景观旅游生态服务的支付意愿，然后加总各区域的支付意愿，得到研究者所考虑的地理范围内所有人口对该目标景观旅游生态服务的支付意愿总和。这一估计方法常常为政策制定者所参考，作为重要依据，用来计算国家和地方财政对自然景区保护的补贴拨款数额。至此，我们已经实现了哈罗德·霍特林所提出的基于旅行成本法估计环境品价值的构想。

消费者通过旅行决策表现出来的对自然景观旅游生态服务的支付意愿即为图 3-2 中所有的阴影部分，包括 $[0, C_i]$ 内从横轴开始至需求曲线的全部积分。其中，阴影 A 的部分是消费者为了实现 C_i 次旅行所实际支付的费用，阴影 B 的部分是消费者从旅行市场中获得的消费者剩余。从政策制定角度看，既然消费者总体上愿意为了维持自然景观的旅游生态服务功能支付 $A+B$ 部分的货币等值，就说明该自然景观的使用价值大于等于 $A+B$ 区域的大小。消费者为了获得 $A+B$ 部分的效用，实际进行了 A 部分的支付，他们从旅游这样的消费活动中得到的剩余则为 B 部分。因此，区域 B 的大小应用以估计旅行带来的社会福利变化。

3.2　多景观的旅行成本估计方法

在 3.1 节讨论中，我们基于自然景观唯一且不可替代这一简化假设，从理论上构建了旅行人次和旅行成本之间的关联关系。读者可能好奇，现实中，以旅游休闲为使用目的，大部分自然景观之间具有一定的，甚至较高程度的可替代性。比如，在安排假期旅行计划时，我们常常在不同的目的地之间徘徊犹豫，到底是去四川探访九寨沟自然保护区，还是去青海湖沿湖骑行呢？仅仅对于周末郊外旅行，我们也可能在郊野花园和临水河畔之间进行选择。当多个自然景观互相构成可替代品时，我们可以考虑采用随机效用模型（random utility model）来分析旅游人次和旅行成本之间的关联关系。

在随机效用模型中，我们假设消费者面临 M 个商品，而仅能从中选择一个。这时，消费者的决策思路如下：首先考虑消费每一个商品所能获得的效用水平 $U_1, U_2, \cdots, U_M$，而理性的消费者应该选取能给其带来最大效用的商品 m^*，使得 $U_{m^*} \geqslant U_m, \forall m \in \{1, 2, 3, \cdots, M\} \& m \neq m^*$。消费者消费某一商品时，其获得的效用与消费者自身特征和商品特征相关，因此可以将这一效用水平写为上述两组特征的函数。在现实中，我们无法得知消费者对每一个商品的效用评价，但能够观察到他们的最终选择。随机效用模型的原理是利用最大似然估计法，找到一组效用函数的参数，使得我们在现实中观察到的消费者商品选择组合出现的概率最大。在估计出这一组参数后，我们就可以计算市场对特定商品的需求，以及这一需求如何与包括价格在内的商品特征相关联，亦即可以写出对特定商品的需求函数。

利用随机效用模型的思想，我们可以将具有相互替代关系的自然景观视为不同商品，将旅行成本视为这些商品的某一特征，将消费者到不同景观旅游的次数视为对该自然景观旅游生态服务的需求，以此估计自然景观的旅游生态服务需求函数：

$$C = g(p, \pmb{u}) \tag{3-6}$$

其中，C 表示至某一自然景观旅游的人次，即对自然景观旅游生态服务的需求；p 表示至此自然景观旅游的单次成本；向量 $\pmb{u}$ 表示该自然景观的其他可能影响旅游决策的特征。在应用随机效用模型和最大似然估计法完成对上述需求函数的估计后，我们仍然可以对消费者的边际支付意愿进行积分，以此计算多景观可替代情境中各自然景观的旅游生态服务价值，以及相应的消费者旅游支出和消费者剩余。

3.3 生态改善的价值度量

无论是采用单一景观模型，还是多景观模型，我们都可以利用旅行成本法构建并估计自然景观到访率和单次旅行成本以及景观其他特征的关联。利用这一估计结果，我们不仅可以计算人们对自然景观旅游生态服务需求的支付意愿，还可以考察当自然景观的某些特征得到改善时，人们对自然景观生态服务的支付意愿如何变化，以此衡量人们对自然景观生态改善的支付意愿。

显然，自然景观的生态质量 q 是影响消费者旅游决策的景观特征之一。如图 3-3 所示，如果某一景观最初的生态质量为 q^1，消费者对该自然景观的旅游需求为 $g(p, q^1, y)$；给定单次旅行成本 p^*，消费者的均衡旅行次数为 C_1。此处，我们忽略除生态质量外其他影响消费者旅游决策的景观特征，但考虑消费者收入水平 y 对其旅行决策的影响。如果该景观的生态质量得到提升，从 q^1 变为 q^2，这一提升非常可能提高景区的吸引力，在同样的单次旅行成本下，消费者对景区的旅行需求会扩张，旅游的需求曲线右移至 $g(p, q^2, y)$。此时，均衡的旅行次数将从 C_1 增加至 C_2。

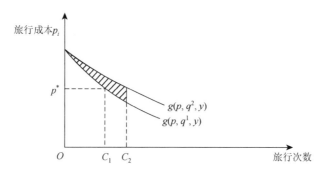

图 3-3　自然景观生态质量改善收益

在经历这样的变化后，我们不难发现，自然景观的生态质量的提升将增进社会福利。在原始的 q^1 状态时，消费者若进行 C_2 次旅行，其对该自然景观旅游生态价值的支付意愿为需求曲线 $g(p,q^1,y)$ 以下的积分部分，当生态质量得到改善后，这一支付意愿则变为需求曲线 $g(p,q^2,y)$ 以下的积分部分。二者的差额，即图 3-3 中的阴影部分就反映了这一部分社会福利的变化，政策制定者可以以此衡量自然生态保护项目，或者自然生态修复项目的社会价值。

3.4　旅行成本法的局限及其解决方案

关于旅行的多目的性问题。不管是采用单一景观假设，还是多景观假设，我们总是认为，消费者在决定旅行目的地后，该景观是旅行的唯一目的地。然而，在现实中，很多旅行往往包含多个目的地。比如，旅行者到访拉萨，除了参观知名的布达拉宫外，很可能也会到访大昭寺、小昭寺等遗迹。那么，消费者从住地至拉萨的旅行成本既用于满足其游览布达拉宫的需求，也用于满足其游览拉萨其他景点的需求。此时，应如何计算消费者单独为了到访布达拉宫所愿意支付的旅行成本呢？或者说，如何把布达拉宫的旅游价值从整个旅行过程带来的总价值中剥离出来呢？一种做法是，将参观某个景点的决策与参观其他景点的决策一同考虑，估计消费者对一种假想的"联合旅行品"的支付意愿。比如，在上述赴拉萨旅行的例子里，我们可以将拉萨的旅游资源进行"打包"处理，一并估计消费者对拉萨所有旅游资源的支付意愿，再根据一定的比例（如到访拉萨各景点的游客人次比例）将该支付意愿分配到每一个景点上。另一种做法是，首先将多目的地共享的旅行成本按照一定比例分配到各个景点上，再按照本章所述的旅行成本法，估计人们对保护该景点的旅游价值的支付意愿。显然，上述两种做法都涉及按一定比例在各景点之间分配消费者对旅行资源的支付意愿或旅行成本，而如果该比例的选择具有主观性，则不可避免地会给旅行成本法的估计带来偏误。因此，在采用旅行成本法估计多目的地旅程中单个景点的旅游价值时，研究人员关注的核心焦点就在于如何合理地选择上述分配比例。

关于居住地自选择问题。在前述介绍单一景观模型时，我们假设，给定各区域可观测的经济社会特征后，人们对目标自然景观旅游休闲服务的价格敏感程度是一致的。这一做法事实上忽略了个体和区域之间不可观测的异质性对旅行需求的影响。如果某些人，比如户外活动爱好者，兴趣使然，他们对旅行有着更高的需求，正因如此，这部分人很可能会选择居住在距离自然景观较近的地理区域里。与此相反，电玩游戏爱好者由于对户外旅行的偏好较低，其自我优化的选择结果很可能是居住在距离自然景观较远的地理区域里。人们这样的兴趣偏好很难通过可观测的经济社会特征体现出来，其对旅行频次的影响也就无法得到有效控制。这时，执行旅行成本法估计的经验回归就会面临严重的内生性问题，个人对旅行的兴趣偏好同时决定了居住地、旅行成本和每年的旅行次数。这种内生性将导致对消费者对自然景观旅游休闲价值的支付意愿和相应的消费者剩余的评估都出现偏误。

如图 3-4 所示，实线代表了采用传统旅行成本法估计得到的自然景观到访率和旅行成本的关联曲线，这也代表了人们对到目标自然景观旅游休闲的需求和对每次旅行的支付意愿。考虑到可能的内生性问题后，旅行成本较低的区域 A 可能聚集了很多旅行兴趣较高，因此对旅行的边际支付意愿也较高的人群。类似地，区域 B 聚集的人群的旅行兴趣可能不及区域 A 的人群，但很可能高于居住地距离自然景观更远的人群，因此区域 B 对应的真实支付意愿曲线的斜率也会高于其左侧的传统支付意愿曲线的斜率。各区域真实的旅游休闲的需求曲线可能简化为图 3-4 中的倾斜虚线，而这两条真实曲线是我们无法观察和估计的。这就造成了对支付意愿和消费者剩余估计结果的偏误。由于内生性问题的存在，传统旅行成本法会系统性低估人们对自然景观旅游休闲价值的支付意愿，因此，更合理的做法是将这一估计结果视为待估参数的下界。

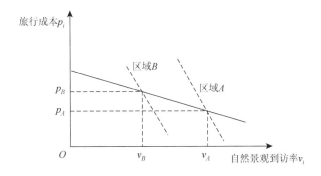

图 3-4 居住地自选择对旅行成本法估值的影响

关于系统性样本缺失问题。在利用单一景观模型进行旅行成本法分析时，一个暗含的假设是，任意区域内的意愿旅行人数就是实际旅行人数，人们所有的旅行意愿都通过其旅行行为表现出来。因此，对自然景观的旅游休闲服务的支付意愿就由这些实际旅行的人的支付意愿决定。在该假设下，我们系统性地忽略了这样一部分人对自然景观的旅游休闲服务的支付意愿，他们对旅游休闲服务有一定的需求和支付意愿，但是他们的支付意愿低于从居住地至目标自然景观的旅行成本，因此，并未进行实际旅行。如果降低旅行成本，他们的旅行意愿就可以转化为旅行行为，从而被实际地观察到。如图 3-5 所示，我们按照传统旅行成本法，可以得到代表旅行成本和自然景观到访率关联关系的实线，此时区域 i 的旅行成本为 p_i，其对应的实际观测到访率为 v_i。在较区域 i 离目标自然景观更远的那些区域里，会有这样一部分人口，他们对该自然景观的旅游休闲价值的支付意愿也等于 p_i，但是他们的居住地至目标景观的旅行成本大于 p_i，所以他们的旅行意愿没有在旅游市场上表现出来。由于这种现象的存在，我们在某一个特定旅行成本水平 p_i 上实际观察到的到访率 v_i 会小于全社会的真实意愿到访率 v_i'。这种偏误在每一个旅行成本水平上都存在，因此全社会真实的自然景观到访率与旅行成本的关联关系应由图 3-5 中倾斜虚线表示。显然，以实线为基础计算的全社会总体对自然景观旅游休闲价值的支付意愿和相应的消费者剩余，都低于以倾斜虚线为基础计算的结果。也就是说，由于有这样一群具有支付意愿但并未进行实际旅行的人存在，他们的支付意愿在旅行成本法的估计中被系统性地忽略了，于是旅行成本法很可能系统性地低估自然景观的旅游休闲服务价值。为了纠正上述偏误，一种较为合适的做法是，将旅行成本法得到的估计结果视为自然景观旅游休闲服务价值的保守估计结果和下界估计结果。

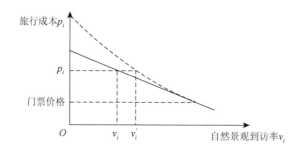

图 3-5　潜在旅行人数对旅行成本法估值的影响

关于旅游休闲时间成本评价问题。在本章正文介绍旅行成本法时，我们采用工资率衡量旅行的时间成本，这一做法显然存在较大的争议。对于部分人群，比如理发店和杂货店的私营业主，他们用于旅行和用于工作的时间是完全可替代的，因此旅行的单位时间成本就是他们的工资率。对于全职妈妈、退休人员等非工作人群来说，他们并不需要在工作时间和旅行时间之间进行取舍，因此旅行不会产生任何基于时间的机会成本。对于更大多数的人，他们有固定的工作时间和固定的休假制度，会选择在假期中以旅行的方式享受休闲时光。这部分人对旅行时间和休闲时间往往有不同的，甚至独立的价值评估。比如，一些工作岗位会对固定休息时间的加班给予 2 倍或 3 倍于工资率的加班补偿。另一些较为清闲的工作岗位，即使在非工作时间工作，也不会获得任何补偿。因此，对于有固定工作时间的人群，工资率水平也不能很好地代表其旅行时间的价值。那么，我们应该如何衡量用于旅行的时间价值呢？很多研究表明，旅行时间的价值虽然不等于工资率，但往往和工资率水平正相关，因此，采用工资率的一定比例来衡量旅行时间价值是一种比较合适的做法。关于这一比例的设定，我们可以借鉴关于城市交通规划的文献。人们每天在住处和工作地之间往返的交通时间和个人休闲时间是完全可以互相替代的。对于城市交通规划而言，一个重要的参数就是人们如何货币化地评价由于交通需要而牺牲的休息时间，这是衡量城市交通工程成本和收益的重要依据。在该领域内，研究者采用多种估值方法对这一参数进行估计，比如观察人们如何在交通时间与房租之间权衡，或者他们如何在交通时间与交通成本之间权衡。研究者发现，人们对交通时间价值的评估大约相当于其工资率水平的 20%～50%（Bruzelius，1979；Small，1992）。对于旅行成本法的应用而言，学者更建议采用 33%～43%的工资率水平计算旅行时间的货币化成本。随着研究的深入，我们对该比例选择的认识还在不断加深和细化。但无论如何选择，在采用旅行成本法对环境品价值进行估计时，我们都应该认识到，这一比例对最后的消费者剩余的评估和消费者支付意愿的评估有着重要影响。

3.5　案例讨论：厦门岛东海岸旅游娱乐价值评估

　　厦门岛位于我国福建南部海湾，具有独特的滨海亚热带风光，又与金门岛隔海相望，是一处旅游条件优越的自然景观。1999 年，陈伟琪等采用旅行成本法，以当年价格为基准，对厦门岛东海岸的旅游休闲价值进行了货币化评估。他们首先搜集了 568 份有效问卷，在问卷中调查了受访游客的出发地区，旅行费用、时间，在东海岸的花费，对主要景点的赋分值，以及其性别、年龄、文化程度、职业、收入等人口统计特征。按照哈罗德·霍特林的同心区域划分原则，该研究将全国国土分为 34 个区域，包括厦门、泉州、漳州、福州、龙岩、三明、莆田、南平、宁德以及福建以外其他 25 个有游客到访的省份（表 3-1）。由于游客到访厦门的目的地很可能不止厦门岛的东海岸，作者以受访者对主要景点的赋分值为基础，将其从住所地到厦门的旅行费用按比例分配给厦门市内的各主要景点，并计算其至东海岸的有效交通成本。由于厦门岛东海岸向游客免费开放，没有门票费用，因此，游客游览厦门岛东海岸的旅行成本主要包括上述有效交通成本，从厦门当地居住地到达东海岸的市内交通成本，在东海岸的平均餐饮和购物花费，以及在东海岸游览的时间机会成本。在本案例中，作者按照日工资的 1/3 计算旅行时间的机会成本。

在获得上述调查信息后，陈伟琪等首先按照本章叙述的原则，计算各出发区游客对厦门岛东海岸的到访率。1999 年，厦门岛东海岸的游客量为 316.8 万人次。抽样样本中来自厦门本市的游客数量最多，达 218 人，而且厦门本市游客对东海岸的到访率也最高，达到每万人 9725 人次。与此相对，来自福建以外省份的样本游客数量较少，很多省份不超过 10 人，这些省份的到访率也不超过每万人 50 人次，很多甚至低于每万人 10 人次。这种游客分布趋势符合旅行成本法中高成本-低需求的规律。

表 3-1   各出发区游客对厦门岛东海岸的平均游览率的估算

| 出发区 | 区内人口数/万人 | 样本 | | 到访率 V_z/（人次/万人） |
		个数 N_i	占比/%	
1.厦门	126.59	218	38.86	9725
2.泉州	654.19	24	4.28	207
3.漳州	441.54	9	1.60	115
4.福州	579.82	21	3.74	204
5.龙岩	282.49	32	5.70	639
6.三明	264.96	17	3.03	362
7.莆田	291.82	5	0.89	97
8.南平	300.4	11	0.96	208
9.宁德	319.01	5	0.89	88
10.安徽	6184	17	3.03	16
11.北京	1242	11	0.96	50
12.广东	7132	19	3.39	15
13.广西	4677	1	0.18	1
14.贵州	3658	1	0.18	1.5
15.海南	753	1	0.18	7.5
16.河北	6566	5	0.89	4.3
17.河南	9313	4	0.71	2.4
18.黑龙江	3776.7	4	0.71	6
19.湖北	5944	24	4.28	22.8
20.湖南	6512	5	0.89	4.3
21.吉林	2655	1	0.18	2.1
22.江苏	7197	25	4.46	19.6
23.江西	4217	23	4.10	31
24.辽宁	4171	3	0.53	4
25.宁夏	541	1	0.18	10.5
26.青海	507	1	0.18	11
27.山东	8846	11	0.96	7

续表

出发区	区内人口数/万人	样本		到访率 V_z /（人次/万人）
		个数 N_i	占比/%	
28.陕西	3610	9	0.60	14
29.上海	1454	10	1.78	38.8
30.云南	4173	1	0.18	1.4
31.浙江	4468	17	3.03	21.5
32.四川	8540	22	3.92	14.5
33.天津	957	1	0.18	6
34.新疆	1398.8	1	0.18	3
合计		560（N）	100	

进一步地，作者在控制了各出发区的文化程度、人均收入和交通条件三个因素的基础上，采用多元线性回归分析的方法估计了到访率的对数和上述三个控制变量，以及旅行成本的关系。该组通过多元线性回归得到的拟合精度 $R^2 = 0.795$，说明拟合方程能够较好地解释各出发区到访率的差异。该回归结果显示，当旅行成本提高 1 元时，到访率将减少 0.35 个百分点。同时，作者根据拟合出来的控制变量的系数和观测值计算了各出发区的旅行需求函数的截距 α_i（表 3-2）。比如，第一个出发区厦门市的截距值为 4.282，因此，其对应的对东海岸旅游服务的需求曲线为 $\lg V_1^0 = 4.282 - 3.547 \times 10^{-3} \mathrm{TC}_1$，其中，$V_1^0$ 为厦门市人口到东海岸的到访率，TC_1 为厦门市人口到东海岸的旅行成本。

表 3-2　各出发区的基本经济社会特征

出发区	预测到访率 V_z^0 /（人次/万人）	旅行成本 TC_z /元	文化程度（大专以上）/%	人均纯收入/元	交通条件	α 值
1.厦门	9718	83	7.18	7020.20	1	4.282
2.泉州	323	111	2.4	4106.50	0	2.828
3.漳州	171	152	2.10	3192.20	0	2.432
4.福州	230	196	4.67	3936.00	0	2.762
5.龙岩	240	109	2.96	2725.00	0	2.567
6.三明	114	192	2.70	3045.00	0	2.538
7.莆田	137	147	1.97	3217.10	0	2.457
8.南平	102	234	2.30	2513.50	0	2.493
9.宁德	81	209	1.85	2565.90	0	2.445
10.安徽	17	345	1.83	2511.55	0	2.442
11.北京	42	602	13.44	5611.71	0	3.754

续表

出发区	预测到访率 V_z^0 /（人次/万人）	旅行成本 TC_z /元	文化程度（大专以上）/%	人均纯收入/元	交通条件	α 值
12.广东	13	431	3.67	5797.20	0	2.647
13.广西	1	795	0.93	2626.00	0	2.338
14.贵州	3	563	2	1930.49	0	2.459
15.海南	5	537	2.32	3317.16	0	2.496
16.河北	8	445	2.1	2960.00	0	2.471
17.河南	8	423	1.6	2328.30	0	2.414
18.黑龙江	4	612	4.75	2758.75	0	2.770
19.湖北	31	317	3.39	2957.45	0	2.616
20.湖南	13	380	2.02	2840.03	0	2.233
21.吉林	3	655	5	2590.24	0	2.798
22.江苏	15	372	2.05	4107.20	0	2.501
23.江西	32	266	1.88	2503.07	0	2.445
24.辽宁	6	603	6.02	2930.29	0	2.913
25.宁夏	10	450	3.26	1982.73	0	2.601
26.青海	8	442	2.01	1877.60	0	2.460
27.山东	22	299	1.49	3109.04	0	2.391
28.陕西	24	335	2.99	2083.04	0	2.563
29.上海	44	450	8.89	7036.80	0	3.242
30.云南	3	549	1.24	2223.64	0	2.373
31.浙江	21	334	2.5	4899.27	0	2.516
32.四川	11	470	1.99	2451.48	0	2.448
33.天津	13	545	7.27	4764.00	0	3.033
34.新疆	1	802	5.58	2170.25	0	2.864

　　根据上述需求关联现状，即东海岸旅游区不收取门票费用时，该方程拟合的到访率为 9718 人次/万人，与表 3-1 中观察到的实际到访率非常相似，在这一到访率下，厦门市的 126.59 万人口中，每年将产生对东海岸 1 230 202 人次的旅游需求。根据拟合出来的厦门市旅游需求曲线，假设东海岸旅游区收取 50 元门票费用，厦门市每年的旅游人次将降低至 817 771 人。以此类推，可以获得不同门票假设下对应的旅行成本水平，以及相应的来自厦门市的旅游人次。如果对全部其他出发区重复同样的步骤，我们可以获得来自不同出发区的人口对厦门岛东海岸的旅游需求，如表 3-3 所示。

表3-3　各门票价格水平下的预计总游览人数

出发区	人口/万人	费用/(元/次)	预计总游览人数																						
			0元	50元	100元	150元	200元	250元	300元	350元	400元	450元	500元	550元	600元	650元	700元	750元	800元	850元	900元	950元	1000元	1050元	1100元
1.厦门	126.59	83	1231.5	817.8	543.6	361.4	240.3	159.6	105.7	70.5	40.6	30.9	20.8	13.8	9.1	6.1	4.1	2.7	1.8	1.1	0.8	0.6	0.4	0.3	0.1
2.泉州	654.19	111	211.3	111.9	74.6	49.7	32.7	22.2	14.4	9.8	6.5	4.6	2.6	2.0	1.3	0.7	0.0									
3.漳州	441.54	152	75.5	49.9	32.7	22.1	14.6	9.7	6.6	4.4	3.1	1.8	1.2	0.9	0.4	0.0										
4.福州	579.82	196	133.4	89.9	59.7	39.4	26.1	17.4	11.6	7.5	5.2	3.5	2.3	1.7	1.1	0.6	0.0									
5.龙岩	282.49	109	67.8	45.2	29.9	20.0	13.3	8.8	5.9	4.0	2.5	1.7	1.1	0.8	0.6	0.3	0.0									
6.三明	264.94	192	30.2	20.1	13.2	9.0	5.8	4.0	2.7	1.9	1.1	0.8	0.5	0.3	0.0											
7.莆田	291.82	147	40.0	26.6	17.5	11.7	7.9	5.3	3.5	2.3	1.5	1.2	0.6	0.3	0.0											
8.南平	300.4	234	30.6	20.4	13.5	9.0	6.1	3.9	2.7	1.8	1.2	0.9	0.6	0.3												
9.宁德	319.01	209	25.8	18.5	11.2	7.7	5.1	3.2	2.2	1.6	1.0	0.6	0.3	0.0												
10.安徽	6184	345	105.1	68.0	43.3	30.9	19.5	12.4	6.2	0.0																
11.北京	1242	602	52.2	34.8	22.4	14.9	9.9	6.2	5.0	2.5	1.2	0.0														
12.广西	7132	431	92.7	64.2	42.8	28.5	21.4	14.3	7.1	0.0																
13.广东	4677	795	4.8	0.0																						
14.海南	3658	563	11.0	7.3	3.7	1.5																				
15.贵州	753	537	3.6	2.3	1.5	0.8																				
16.河北	6566	445	52.5	32.8	26.3	15.4	13.1	6.6																		
17.河南	9313	323	17.7	111.8	74.5	55.9	37.2	27.9	18.6	9.3	0.0															
18.黑龙江	3776.7	612	15.1	11.3	7.5	0.0																				
19.湖北	5944	317	184.3	124.8	83.2	53.5	35.7	23.8	17.8	11.9	5.9	0.0														
20.湖南	6519	380	84.7	52.2	39.1	26.1	19.6	13.0	6.5	0.0																
21.吉林	2655	655	8.0	5.3	2.7	0.0																				
22.江苏	7197	372	108.0	72.0	50.4	36.0	21.6	14.4	7.2	0.0																
23.江西	4217	166	303.6	202.4	134.9	84.3	59.0	38.0	25.3	16.9	12.7	8.4	4.2	0.0												
24.辽宁	4171	603	25.0	16.7	12.5	8.3	4.2	0.0																		
25.宁夏	541	450	9.2	6.0	3.8	2.7	1.6	1.1	0.5	0.0																
26.青海	507	442	4.1	3.5	1.5	1.0	0.5	0.0																		
27.山东	8846	299	194.6	132.7	88.5	53.1	35.4	26.5	17.7	8.8	0.0															
28.陕西	3610	335	86.5	57.8	39.7	25.3	18.0	10.8	7.2	3.6	0.0															
29.上海	1454	350	145.4	97.4	64.0	42.2	29.1	18.9	13.1	8.7	5.8	4.4	2.9	1.4	0.0											
30.云南	4173	549	12.5	8.3	4.2	0.0																				
31.浙江	4468	334	93.8	62.5	44.7	26.0	17.9	13.4	8.9	4.5	0.0															
32.四川	8540	400	93.9	59.8	42.7	25.6	17.1	8.5	1.0	0.0																
33.天津	957	545	12.4	7.6	5.7	3.8	2.8	1.9																		
34.新疆	1938.8	802	1.9	0.0																						
总游览人数			3568.7	2441.8	1635.5	1065.8	715.5	471.8	297.4	170	88.3	58.8	37.1	21.5	12.5	7.7	4.1	2.7	1.8	1.1	0.8	0.6	0.4	0.3	0.1

在不同旅行成本水平下，横向加总所有出发区的旅游需求人次，我们就可以获得如图 3-6 所示的全社会对厦门岛东海岸的旅游需求曲线。由于该图中，纵轴为门票价格，而不是总的旅行成本，因此，当我们对曲线下方的所有面积进行积分时，我们实际上获得了门票价格为 0 的情境中的消费者剩余总和，大致相当于 4.39 亿元。这是所有旅行者在支付了旅行成本后，仍然愿意为了到厦门岛东海岸旅行所做的额外支付。因此，全社会对厦门岛东海岸生态旅游价值的估计大致等于这一消费者剩余，再加上旅行者所实际付出的旅行成本。

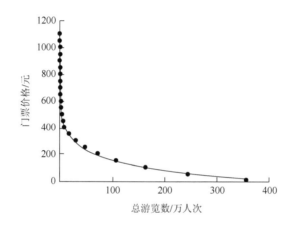

图 3-6　厦门岛东海岸的旅游需求曲线

在此例中，陈伟琪等有效应对了旅行的多目的性问题和旅游休闲时间成本评价问题，但显然，他们忽略了可能的居住地自选择问题和系统性样本缺失问题。这需要在以后的旅行成本法研究中进行弥补。

本章参考文献

Bruzelius，N. 1979. The Value of Travel Time：Theory and Measurement. Stockholms：Croom Helm.

Small K A. 1992. Urban Transportation Economics. London：Taylor & Francis.

陈伟琪, 洪华生, 刘岩, 等. 2001. 厦门岛东部海岸旅游娱乐价值的评估. 厦门大学学报（自然科学版），40（4）：914-921.

第4章

陈述性偏好法

■ 4.1 陈述性偏好法的理论基础

本书之前的章节介绍了基于揭示性偏好的环境品估值方法。这些方法之所以可行，是因为待估值的环境品本身参与到了某些具有市场交易的消费活动之中，比如空气质量作为待售房屋的一个特征参与到了房屋的市场交易过程中，海岸风光作为一种旅游商品参与到了旅游消费市场中。然而，还有另外一些环境品，它们自始至终都没有参与到具体的市场交易活动之中，我们因而也无法通过在市场交易中揭示出来的消费者偏好评估这些环境品的价值，比如濒危物种的价值[①]。

这时，我们不得不转向环境品价值评估的另一类方法，即陈述性偏好法。陈述性偏好法通过直接询问的方式获取受访者对环境品支付意愿的相关信息。比如，使用陈述性偏好法时，研究人员会通过如下问题直接调查受访者对改善空气质量的支付意愿："为改善空气质量，您愿意每天支付多少钱？""如果本市平均每月的蓝天数增加 5 天，您是否愿意为这个空气质量改善项目每年支付 100 元呢？""为了减少机动车尾气产生的空气污染问题，您是否愿意每周选择一天停驶自己的机动车？"对这些问题的回答都能帮助研究人员去量化受访者对空气质量改善的偏好，以及他们对此的支付意愿。不同于揭示性偏好法，陈述性偏好法以调查问卷为依据，从受访者对问题的回答中获取相关信息，评估环境品价值，而并不要求研究人员实际观

---

① 从生物伦理角度上来说，人类不应当、更无法对濒危物种进行市场定价。但是，基于现行环境政策制定框架，政策制定者需要通过对濒危物种保护这一行动进行成本-收益分析。因此，研究人员就需要对濒危物种的价值进行合理估计。成本-收益分析的具体方法将在后面的章节中详述。此外，我们此处不考虑非法盗猎并贩卖濒危物种的行为和交易，也不认同非法交易能真实反映出濒危物种的价值。

察到相应的支付或选择行为。

在本章，我们将逐次介绍两种最具代表性的陈述性偏好价值评估方法，即条件价值评估法和离散选择实验法。在前一种方法中，研究人员直接问询受访者对某一环境品及其特征（attribute）变化的支付意愿，其前提假设是所描述的环境品特征变化在现实生活中有可能发生但并未真实发生。后一种方法从考虑环境品的一系列特征开始，通过排列组合这些特征的不同表现，构架出一系列不同的环境品，并要求受访者对这些环境品进行偏好选择或偏好排序，研究人员通过序列的相对变化评估环境品的价值。举例来说，空气质量是一种典型的环境品，PM$_{2.5}$浓度、臭氧浓度和能见度则是这一环境品的三个特征属性。如果采用条件价值评估法评估空气质量的价值，研究人员可以以询问受访者对空气质量整体变化（如蓝天数量）或空气质量的某一特征属性变化（如 PM$_{2.5}$浓度）的支付意愿。如果采用离散选择实验法评估空气质量的价值，研究人员则需要首先在 PM$_{2.5}$浓度、臭氧浓度和能见度三个维度上选取典型的特征表现，如年均 PM$_{2.5}$浓度为 20μg/m^3、50μg/m^3 或 100μg/m^3，通过排列组合这三个维度上的特征表现构造出一系列差异化的空气质量状况，并通过调查获得受访者对这些差异化的空气质量状况的偏好情况。研究人员再根据上述信息，识别同一环境品的不同特征属性的边际替代率（marginal rate of substitution）。只要其中一个特征属性与货币价格相关，研究人员就能推断出受访者对环境品中各特征属性变化的支付意愿。

从上面的叙述中可以看出，条件价值评估法和离散选择实验法都基于相同的理论基础：它们都衡量了消费者对环境品质量改变的补偿变化（compensating variation，CV），即在环境品质量改变而其他条件不变的情况下，为保持消费者在变化前后的效用不变所需要支付给消费者的收入补偿。在效用最大化理论框架内，我们可以对上述补偿变化做如下数学表达：假设个体的效用水平由其消费的标准化市场品数量和环境品数量（环境品质量的量化衡量指标）共同决定，那么其效用函数就可以写为 $U(x,q;s)$，其中 x 表示标准化市场品的消费数量；q 表示环境品数量；s 表示个体的特征。也就是说，我们允许在消费相同市场品数量和环境品数量时，具有不同特征的个体所获得的效用不同。比如，给定两个人消费了同样数量的市场品，又居住在同一个森林旁边，享用同样好的生态环境。但是，这相同的消费组合给其中一个环保主义者带来的幸福感可能远远高于另一个向往都市生活的人。我们进一步假定，上述分析中的环境品具有极强的公共品属性，也就是说，个体享用 q 单位的环境品时，无须对其进行私人支付，而且个体也不能改变这一公共品的供给数量，而只能接受给定的数量 q。那么，消费者可以进行两种优化。第一种是在给定标准化市场品价格 p 和消费者收入 y 的约束下，个体最大化自己的效用，并就此得到一个最优的效用水平 $V(p,q;s,y)$，显然这一最优的效用水平是系统中参数 $p,q;s,y$ 的函数，我们将其称为间接效用函数。第二种优化方法是，给定标准化市场品价格 p 和消费者要维持的既定效用水平 u^0，个体最小化其支出，并得到一个最小支出方程 $E(p,q;s,u^0)$，显然，这一支出水平也是系统中参数 $p,q;s,u^0$ 的函数。可以想象，当相关环境恶化，环境品数量从 q^0 降低至 q^1 时，消费者为了维持同样的效用水平，其最小支出会增加，因此其要求的最低补偿在数量上等于 $E(p,q^1;s,u^0) - E(p,q^0;s,u^0)$。相反地，当相关环境质量得到改善，环境品数量从 q^0 增加至 q^1 时，其维持同样的效用水平的最小支出会减少，此时消费者应该愿意为这样的改善进行的支付在数量上等于 $E(p,q^0;s,u^0) -$ $E(p,q^1;s,u^0)$。因为在大多数环境品价值评估实践中，研究人员考虑的都是个体对环境质量改善的支付意愿，因此衡量这一支付意愿的补偿变化的数学表达就是：

$$CV = E(p,q^0;s,u^0) - E(p,q^1;s,u^0) \qquad (4\text{-}1)$$

如果环境品定义清晰，陈述性偏好问题满足激励相容[①]原则，且受访者如实并准确告知其偏好或支付意愿，条件价值评估法和离散选择实验法都可以帮助我们有效地估计出受访者的上述补偿变化，即环境品价值。

与基于揭示性偏好的估值方法相比，基于陈述性偏好的估值方法有以下两个优点。第一，如本章开篇所述，基于陈述性偏好的估值方法可以应用于揭示性偏好法无法涉足的领域，主要是无法将相关环境品和市场交易联系起来的情境。以濒危物种和原始森林为例，大部分人终其一生都不会看到某些濒危物种，也不会涉足某些原始森林，自然也不会进行和上述两种环境品相关的市场交易。然而，这两种环境品的存在对很多人来说是有价值的，那么，我们应该如何评估这样的价值呢？可能观察人们对自然资源保护的捐赠行为是一种方案，因为人们通过自己的捐赠表达了其对环境品保护的支付意愿。然而，由于环境品具有极强的公共品属性，"搭便车"（free-riding）现象普遍存在。很多人即便心中认可环境品的价值，也不会实践捐赠行动。因此，如果基于个体的捐赠行为来评估环境品的价值，我们就会系统性地低估这一价值。另一种方案是，通过全民公投或民意普查的方式来促使人们表达其对环境品的支付意愿，但由于普查成本过高，这样的方案也很难在现实中实施。基于问卷调查的陈述性偏好法恰恰是对后一种方案的简化，将后一种方案中过于宏大的普查设计调整为随机抽样调查设计，并使得后一种方案里的估值思路可以被付诸实践。

---

① 这是一个源自机制设计领域的术语，其对应的英文为 incentive compatibility。激励相容是指个体根据自己的真实偏好序列进行选择就能达到个人效用的最优水平。激励相容又分为占优策略激励相容和贝叶斯-纳什激励相容两种情况。前者是指，无论其他人的选择策略如何，个体按照其真实偏好进行选择总能达到最优效用水平，也就是说策略性行为无益于个体福利的增进。后者是指，在一个纳什均衡里，个体按照其真实偏好进行选择是最优策略，这时的激励相容仅存在于均衡状态之下。

第二，相较于揭示性偏好法，陈述性偏好法可以更为灵活地评价环境品不同程度和不同维度的变化所带来的价值变化。举例来说，如果用旅行成本法评估某些自然风光的价值，我们事实上评估得到的是该自然风光现有状态（如景区内特定的空气和水质等）下，游客对这样一组特定环境品的支付意愿。由于自然环境不受控，我们很难在现实中改变自然风光的特征属性，自然也无法通过观察实际的旅行消费行为估计这一环境品质量变化的价值。与此相对，由于陈述性偏好法并不受制于环境品质量的实际变化和对环境品消费行为的实际观察，研究人员就可以在假设的调查环境里较为灵活地改变环境品的总体质量及其相关属性，并探究人们对上述变化的支付意愿。

陈述性偏好法受益于灵活的研究范式，既可以应用于揭示性偏好法无法涉足的领域，也可以用于评估揭示性偏好法的估值对象，因而具有更广泛的应用范围。但是由于陈述性偏好法构建于假设的市场和假设的交易之上，其结论的可靠性一直备受质疑。批评者认为，大多数受访者在假设情景下无法真实考虑其自身收入限制，或其他客观限制，而且其对某些敏感问题的回答受到社会规范的影响，一部分受访者还可能无法认同假设问题的真实性。由于上述因素的影响，又由于在陈述性偏好的调查过程中，受访者无须为自己陈述的行为决定或偏好排序负实际责任，他们很可能会给出系统性有偏的结论，这就大大降低了基于陈述性偏好的估值结果的可信性。学者关于是否应该在环境品估值中应用陈述性偏好法展开了激烈的争论，这些争论涉及陈述性偏好的理论完备性和实践必要性等方方面面[1]。虽然争议未息，但是基于陈述性偏好法的环境品价值评估实践从未停止。在几代学者的共同努力下，我们总结出了一套实施陈述性价值评估方法的最优实践原则[2]（best practices），在上述原则指导下得到的陈述性偏好估值结果至少可以获得大部分专业人士的认可。

本章将着重介绍陈述性偏好法的基础理论、实操流程，以及有效性检验（validity

---

[1] 对这一问题感兴趣的读者可以参见 *Journal of Economic Perspectives* 针对该问题于 1994 年和 2012 年组织的两次公开辩论。

[2] 这些最优实践原则的总结是一个渐进的过程，其中最具里程碑意义的工作是 1993 年美国国家海洋和大气管理局（National Oceanic and Atmospheric Administration，NOAA）发布的条件价值评估法实施规范指南。在本书开篇提及的瓦尔迪兹号漏油事件后，人们尤为关注这一大规模人为环境灾难对阿拉斯加湾及附近海域的生态环境非使用价值的影响，这也引发了对陈述性偏好法的评估技术的理论探讨和实践应用。为应对可能的高额损失赔偿金，埃克森公司就漏油事件造成的生态环境非使用价值损失，赞助了一项针对条件价值评估法结果可信性的批判研究。研究主导者 Hausman 于 1992 年 3 月在华盛顿举行的一次会议上报告了相关结论，并指出，基于条件价值评估法的损失评估结果并不可信，政府基于上述评估结果的决策误导了公众（Diamond and Hausman，1994）。面临针对条件价值评估法的巨大争议，NOAA 召集了两位诺贝尔经济学奖得主 Kenneth Arrow 和 Robert Solow，以及众多杰出的经济学家，组建了专家小组，深入讨论、检验和评价条件价值评估法。NOAA 小组认为，在遵从相关操作原则的基础上，条件价值评估法可以提供足够可靠的结论，并发布了具体实施该方法的规范性指南（Arrow et al.，1993）。这标志着以条件价值评估法为代表的陈述性偏好法在学界和政界都得到了广泛的认可。在此期间，针对条件价值评估法的辩论始终是健康的，因此大大促进了这一系列理论和实践的发展。

test）方法，并辅以案例分析，希望读者阅读本章后可以实践陈述性偏好估值在环境经济学领域中的应用。目前最具代表性的陈述性偏好法有两种，即条件价值评估法和离散选择实验法，尽管这两种方法共享理论基础，但二者在问卷设计、经验分析技术和结论解释方面都存在较大差异，因此常常被视为两种独立的价值评估方法。我们也将遵循这一传统，本章的第二节和第三节分别介绍这两种方法的实施细节。本章的第四节重点论述基于陈述性偏好的估值方法的有效性问题，并基于此说明陈述性偏好估值方案设计中要遵循的操作原则。本章最后一节将以北美传粉昆虫种群的生态价值评估为例，向读者完整展示陈述性偏好法估值的全过程。

■ 4.2　条件价值评估法

4.2.1　条件价值评估法的发展历程

条件价值评估法通过问卷的形式直接询问样本人群对环境质量改善的支付意愿，从而完成对环境品的价值评估。条件价值评估法的基础思想起源于Ciriacy-Wantrup（1947）的研究，他认为改善土壤退化会产生一些"额外的市场利益"，这些非使用价值是自然界中的公共品，因此，可以通过调查，引导个人表达对这些价值的支付意愿来估计其价值（Hanemann，1984；Portney，1994）。Davis（1963）是第一个应用条件价值评估法的学者，他在缅因州一处林地对当地猎人进行问卷调查，并以此结果为基础，估计了该林地的狩猎及休闲价值。20 世纪 60 年代以后，人们对自然资源及环境的非使用价值的认识逐步深化，条件价值评估法作为当时几乎唯一的识别这些价值的方法，得到了迅速推广（Smith，1993）。Bishop 和 Heberlein（1979）第一次对条件价值评估法的有效性进行了审视，他们发现通过该方法得到的支付意愿估计结果和旅行成本法的结果十分接近，这肯定了条件价值评估法的研究结论的可靠性。20 世纪 80 年代，学术界开始系统梳理条件价值评估法的流程、实施细则及其信度和效度[①]的评价标准（U.S. EPA，1986；Mitchell and Carson，2013），使其应用迅速规范化。总之，这个方法在应用于环境品价值评估实践的前 25 年里，它受到的批判较少。针对条件价值评估法的大范围讨论和争论出现在其应用于瓦尔迪兹号石油泄漏导致的生态损失评估后。由于这一事件导致的生态损失极其严重，涉及的生态赔偿数额巨大，争议双方都希望通过对估值方法的修正维护自己的利益，因此促成了针对条件价值评估法的持续、深入、广泛的讨论。从某种角度看，条件价值评估法本身的进步事实上是得益于这样一次大规模争论的。

---

① 信度是指研究结论的可靠程度，即如果同样的研究框架被不断重复，相同的研究结论是否会一致性地出现。效度是指研究设计的准确性，即研究者所提出的研究方案是否能准确回答其特定研究问题。

4.2.2　条件价值评估调查问卷设计

条件价值评估研究的核心部分是调查问卷的设计。这一部分集中体现了研究者的研究目的、技术路线，以及研究的准确性和有效性。因此，实现一个高质量的条件价值评估研究的前提是设计出一份合理、规范且严密的问卷。我们将在这一节详细说明条件价值评估问卷的必要组成部分及其相应的设计原则。

1. 客观描述待评估环境品

当我们在一个假设环境中要求受访者评估其对某一特定环境品，或环境品质量变化的支付意愿时，我们需要向受访者客观描述这一环境品或其质量的变化。这主要是通过文字、图形、图片、语音、视频及其他辅助形式描述环境品或其数量和质量的变化。比如，我们既可以引导受访者评估维持大兴安岭原始森林生态的价值（环境品），也可以引导受访者评估某种程度上改善大兴安岭原始森林生态的价值（环境品的质量变化）。

当然，在条件价值评估实践中，对环境品的描述并非简单地陈述这些环境品的特征或其质量改变程度，因为这种描述会过于抽象，不利于受访者的理解和自我代入。一般来说，研究人员会在一些假设的模拟场景中体现环境品质量及其变化，并引导受访者在这些假设场景中表达支付意愿。这些场景通常与受访者的日常生活息息相关，通常包括目前的环境现状、环境问题、改善环境质量的具体政策措施等。举例来说，当试图评估空气质量改善的价值时，我们不会仅仅将空气质量改善简单描述为空气污染物浓度（如空气质量指数 AQI）的整体下降，或代表性污染物浓度（如 $PM_{2.5}$ 浓度）的下降，更通行的做法是将空气质量变化置于这样一种场景之中："假设目前 A 市的空气质量水平远低于全国平均水平，位列全国倒数第十（目前状况）；权威研究显示，居民长期处于空气污染状况下将使呼吸系统受到损害（潜在危害）；为此，A 市拟实施一项财政补贴措施以促使排污企业加装减排设备，减少污染排放（政策措施）；据已实施类似政策城市的相关经验，预计该政策实施后，A 市月均空气污染指数将下降 10%，月均蓝天数量将增加 5 天（环境品质量变化）。"这种模拟场景设计的核心环节包括：①环境政策的具体措施；②该政策如何影响环境品质量；③环境品质量变化如何直接或间接影响个体福利（图 4-1）。然而，研究人员需要注意的是，将环境品的质量改变置于某种假设场景中，并向受访者描述这些假设场景后，受访者可能过度关注场景本身，而不是环境品质量本身，此时他们所表达的支付意愿可能更多地反映对假设场景中某些要素的价值评价，如上例中的补贴政策。这又可能进一步造成两个问题。第一，受访者对假设场景中提出的环境品提供方式存在抵触情绪，而这种抵触会影响其表达支付意愿。比如，某个受访者可能非常认同清洁空气的价值，但是在现有的财税体制下，他极端反对对工业企业进行补贴。那么，该受访者可能拒绝支持上述假设场景中描述的政策改变，也拒绝为上述政策进行个体支付。这时，条件价值评估的研究结论就会系统性低估环境品的价值。第二，即便受访者对假设场景中提出的政策或其他环境品提供方式并不存在情绪偏向，他也可能混淆政策和环境品本身，而无法明确待估值对象，这也会造成条件价值评估结论的偏差。

$$\boxed{\text{政策措施} \rightarrow \text{环境品质量变化} \rightarrow \text{对个体影响} \rightarrow \text{间接效用变化及支付意愿}}$$

图 4-1　构建环境品质量变化假设场景的流程图

因此，在进行正式的条件价值评估调查之前，我们强烈建议实施预调查，以发现并纠正问卷设计和调查方案中存在的问题。预调查是条件价值评估过程中的一个重要环节，我们将在 4.2.3 节的流程方案设计部分中进行详尽的介绍。另外，在描述完假设场景后，如果该场景中包含了政策工具，研究人员应对政策的合法性、合理性及可行性进行详细的解释。为了避免受访者对环境政策措施和环境品本身的混淆，还应该向受访者明确强调图 4-1 中的内在逻辑关系，强调待估值对象为环境品本身或环境品的质量变化。

在描述待估值环境品的过程中，研究人员应遵循三点原则。第一，清晰理解原则。这一描述部分应当向受访者提供环境品的基本信息，及其所处环境状态的具体信息，从而帮助受访者更好地理解环境品质量及其改善的具体内容。如果受访者无法从问卷中明确获得关于待估环境品的所有必要信息，他们很可能通过潜意识里的推断或猜测来弥补信息不足，并以此为基础来回答后续的相关估值问题。这时，受访者实际评估的环境品可能偏离了条件价值评估的研究标的，而且不同受访者的推断或猜测思路不同，他们所实际评估的环境品也会各不相同，这将大大降低条件价值评估的有效性。为了帮助受访者清晰地理解待评估的环境品，研究人员一般应避免采用物理或化学术语描述该环境品或其状态属性的变化，因为上述技术性的表达很可能在大众群体中造成理解障碍。

第二，客观中立原则。研究人员应该认识到环境保护既能带来生态收益，同时也伴随着经济成本。因此，在描述一个环境品的保护政策时，不应片面强调其生态收益，而应同时说明全社会为实施这样的环保政策所需要付出的经济代价；在描述一个环境质量恶化的事件时，不应片面、过度或夸张地强调其中的生态损失，而应同时说明即使没有人类为生态修复所做的努力，自然生态系统也会缓慢修复这一损失；在描述生态退化的案例时，不应过分强调利益相关者的福利损失，而应同时说明上述生态退化是否会为社会其他群体带来经济福利和社会福利的增加。比如，在评估瓦尔迪兹号漏油事件的生态损失时，NOAA 专家组建议不要使用血腥的水鸟死亡图片 [图 4-2（a）] 来描述漏油事件如何破坏了阿拉斯加湾水域的水生生物链。作为替代，研究人员应该使用健康水鸟的图片 [图 4-2（b）] 说明健康的水鸟种群对于当地水生生态环境的重要性。同时，在描述瓦尔迪兹号漏油事件的生态损失后，研究人员也应向受访者说明，即使没有后续的生态重建努力，阿拉斯加湾水域的部分生态功能也可以在较长时间内通过生态系统的自我调节而自动改善。

（a）　　　　　　　　　　　　（b）

图 4-2　阿拉斯加湾水域水鸟种群生态价值的图片描述

资料来源：Unsplash 网站

第三，支付意愿原则。从效用理论出发，人们对一件商品的价值评估既等于其支付意愿，也等于其受偿意愿，这二者在经典效用理论框架下是一致的。但行为经济学的证据表明，人们在现实生活中表现出来的支付意愿和受偿意愿并不一致（参见本书 1.3 节）。那么，从常识逻辑出发，当评估环境破坏导致的生态损失时，研究人员应该评估人们对生态修复的支付意愿；当评估待执行的生态开发项目时，研究人员应该评估人们对相关工程导致的生态损失的受偿意愿。但是，本书作者建议采取更谨慎的原则，在条件价值评估研究中统一使用支付意愿，而非受偿意愿。这是因为，以支付意愿为载体，更可能促使受访者在对环境品的价值进行评估时兼顾其支付能力以及其他支付限制，支付意愿手段是一种更为客观、现实的价值评估手段。在这一原则指导下，即使评估的是待开发的生态项目，研究人员也应该在条件价值评估的假设环境里将潜在生态损失转化为已然生态损失，并引导受访者估计其对修复这种已然损失的支付意愿。

2. 设计支付手段

在受访者明晰待估值的环境品，以及引发环境质量变化的假设场景后，研究人员应通过问卷里的问题设计进一步引导受访者明确表达其对目标环境品的支付意愿。这种支付意愿的表达需要凭借特定的载体，这就是支付手段。在条件价值评估实践中常用的支付手段包括：收入税、消费税、管理费、旅途路费、特定商品价格上涨、捐赠等。从理论角度看，研究者最关心的是人们对特定环境质量变化的意愿支付的程度，并非支付载体。但在评估实践中，支付手段的选择会在很大程度上影响人们表达的支付意愿的真实性，因而是整个研究设计中非常重要的环节。

从支付手段的形式看，研究人员需要兼顾该支付手段的现实性和公众对其接受程度。真实可信的支付手段是诱导受访者恰当表达其支付意愿的前提。以空气污染治理为例，如果研究设计者提出的支付手段是直接向居民征收额外的环境税，并以此税收收入治理污染，很多受访者会抵触这样的支付手段，因为它不是一种现实可行的做法。目前，我国大部分的环境税征收对象是污染性企业。然而，某些真实可信的支付手段也会诱发人们的抵触情绪。仍以空气污染治理为例，即使我们提出的支付手段是在汽油销售环节加征环保税，这种支付手段的设计与现实政策十分相似，但它仍可能诱发汽油税费制度坚定反对者的抵触情绪，以至于他们在问卷中表达出的支付意愿为 0。这是因为，这一政策固然可以增加行驶成本，减少机动车出行，从而减少空气污染；但它必然导致民众支付更高的交通成本。如果这部分反对者仅仅出于对税制合理性、政府行政能力等因素的质疑而反对税费制度本身，但对清洁空气的价值持肯定态度，那么，汽油环保税这一支付手段的选择就会导致我们在条件价值评估中系统性低估人们对清洁空气的支付意愿。

在确定支付手段后，研究人员还需要明确构成支付手段的其他要素。这包括：①支付人群的范围，比如一项新增的强制税费是向全体民众，还是部分群体征收，一个新的募捐活动是向全体民众，还是部分群体展开；②决策规则，即单一受访者的支付决策如何影响政策的最终实施，比如一项新增的强制税费制度在获得多少受访者支持后才会得以实施；③支付期限，这包括支付的次数和频率，比如在一项新增的税费制度下，民众是应一次性缴纳税费，还是按照固定频率多次缴纳，以及在后一种情形中，缴纳的频率如何。现有研究结论显示，条件价值评估法的设计者应更多地考虑采用一次性支付的设计，因为通过多次支付表达对环境品的支付意愿就会涉及"折现"问题，大多数受访者并不能够在问卷调查过程中理性地考量"折现"问题。

总之，选取有效、合理的支付手段是进行条件价值评估的核心环节之一，其选取过程中可能出现诸多问题。研究人员需要综合考虑待评估环境品的特点、研究所处的经济社会环境、调查对象的特征等因素，合理设计支付手段。同时，研究人员还需要通过预调查不断完善和修正支付手段的设计。这往往是一个循环往复的过程。

3. 明确支付意愿的表达形式

在确定支付手段这一载体后，研究人员还应进一步在问卷设计中明确以何种形式引导受访者表达支付意愿，即确定支付意愿的表达形式。与支付手段类似，支付意愿的表达形式并非理论上重要的问题。但是，由于绝大多数条件价值评估都建立在问卷调查的基础之上，支付意愿表达形式的选择会在很大程度上影响调查过程中信息传递的有效性，因而也成为决定条件价值评估质量的关键设计环节。本节将集中介绍和讨论条件价值评估中最主流的三种支付意愿表达形式，即开放式问答、支付卡和二分回答形式。

开放式问答（open-ended question）是一种相对直接的评估方法，即直接问询受访者对环境质量变化的支付意愿，它通常采用如下形式："为了提高水质，您认为您的家庭愿意每个月多支付____元水费？"如果受访者如实回答，他的答案就可以用来衡量其支付意愿。此时，我们就可以用样本中支付意愿的均值 $\bar{B}$（$\bar{B} = \sum_i^n \frac{B_i}{n}$）来估计潜在总体的支付意愿的期望值，其中 B_i 表示第 i 个受访者的支付意愿，n 表示样本数量。如果研究人员还希望进一步分析若干解释变量对支付意愿的影响，或者说想知道不同特征群体的支付意愿，则可以计算控制这些变量时的条件期望值。对这一部分计量方法感兴趣的读者可以参考 Haab 和 McConnell（2002）的书中的相关章节。

开放式问答的形式简单直接，易于受访者理解。而且，在开放式问答中，研究人员并没有提供给受访者任何可以作为基准或参考的价格信息，这可以有效避免受访者依据此类信息推测一个合理的支付意愿范围，进而影响其价值判断。这种影响又被称为锚定效应。但开放式问答的劣势也恰恰在于此，当受访者对待评估环境品及其可能的价值范围缺乏先验知识，又缺乏有效参照时，其回答就带有很大的盲目性，这会降低受访者的回复的真实性和可靠性。而且，还可能存在大量受访者在无法认清自己的真实支付意愿的情况下，回答其支付意愿为"零"，以表明自己不知道的现象。这就会造成大量的"零"支付意愿问题。因此，开放式问答形式在实践中较少被应用。

支付卡（payment card）形式是让受访者在支付卡所展示的 k 个出价单元中选择其对环境品的支付意愿。该形式以图 4-3 为例。

为了解决空气污染问题，政府拟采取措施限制工业生产企业排污，企业将因此面临运营成本上升等问题，进而影响当地居民的就业和收入水平。一项特定的企业减排扶助资金项目可以有效化解上述空气污染治理与经济发展间的冲突。您愿意一次性地向该资金项目捐赠多少钱？请在以下选项中勾选出您的支付意愿。					
0.1元	0.5元	1元	5元	10元	20元
30元	40元	50元	75元	100元	150元
200元	多于200元				

图 4-3　支付卡形式示例

相较于开放式问答形式，支付卡形式为受访者提供了选择空间，这减少了受访者回答问题的盲目性，提高了问卷调查过程中信息采集的效率。同时，只要研究人员在支付卡中设计的选项合理且充分，就可以保证受访者能够通过支付卡形式真实表达自己的支付意愿。但是，也是由于支付卡形式为受访者提供了既定选项，这种选项的设置可能会影响受访者对支付意愿的评估，出现锚定效应。比如，受访者可能会在潜意识里认为支付卡中的选项所覆盖的范围就代表了对象环境品的价值范围，一个倾向于中立态度的受访者就会倾向于选择这些选项中的中位值作为自己的支付意愿。如何平衡上述矛盾也是研究人员在问卷方案设计中应关注的细节。

根据支付卡中提供的选项形式，基于支付卡的支付意愿表达又可以细分为四种不同的形式：①直接询问受访者的支付意愿（图 4-3）；②询问受访者支付意愿的下边界，如"您最少愿意支付多少元？"；③询问受访者支付意愿的上边界，如"您最多愿意支付多少元？"；④询问受访者支付意愿的区间，如"您的支付意愿是否在 5～10 元？"。在第一种形式下，研究人员直接获得了受访者的支付意愿 B_i。在第二种形式中，我们假设支付卡中提供的 k 个竞价选项由小到大可以排列为 $B_1, B_2, B_3, \cdots, B_k$，并观察到受访者选择了 B_i（$i = 1, 2, \cdots, k-1$），此时研究人员获得的信息是该受访者的支付意愿在 B_i 与 B_{i+1} 之间。如果我们进一步假设在所研究的潜在总体中，支付意愿作为一个随机变量，其分布符合一定形式，那么，观察到个体 i 选择 B_i 作为其支付意愿下限的概率表示为 $\text{Prob(choose } B_i) = \text{Prob}(B_i \leqslant \text{WTP} \leqslant B_{i+1})$。此时，我们可以通过区间回归模型等计量方法估计相关参数，并测算潜在总体的支付意愿的期望值。在第三种和第四种选项设置形式中，期望支付意愿的估计思路和第二种形式非常相似，只是在这两种形式中，我们分别观察到了支付意愿的上限和支付意愿的区间，其对应的概率分别表示为 $\text{Prob(choose } B_i) = \text{Prob}(B_{i-1} \leqslant \text{WTP} \leqslant B_i)$ 和 $\text{Prob(choose } B_i) = \text{Prob}(B_i^l \leqslant \text{WTP} \leqslant B_i^u)$，其中 B_i^l 和 B_i^u 分别表示支付卡中提供的 B_i 中的支付意愿下限和上限。在本书中，我们着重解释环境品价值评估的相关概念、理论方法及思路，略去了相关计量技术细节。对于支付卡形式下应采用何种计量手段估计支付意愿的期望值，感兴趣的读者可以阅读 Haab 和 McConnell（2002）对几种相关计量模型的介绍。

在现行条件价值评估中最通行的支付意愿表达形式是二分问答（dichotomous choice）。该形式直接询问受访者是否愿意付出特定数额的货币等价以换取环境质量的相应改善。图 4-4 展示了一个二分问答的具体例子。

为了解决空气污染问题，政府拟采取措施限制工业生产企业排污，企业将因此面临运营成本上升等问题，进而影响当地居民的就业和收入水平。一项特定的企业减排扶助资金项目可以有效化解上述空气污染治理与经济发展间的冲突。您是否愿意一次性地向该资金项目捐赠10元？
A. 是　　B. 否

图 4-4 二分问答形式示例

与开放式问答和支付卡形式相比，二分问答形式最逼近真实世界中的商品购买模式，即给定标价，消费者选择购买或放弃。只是真实世界中的购买标的一般是可交易的私有品，而条件价值评估中的购买标的一般是不可交易的环境品。受访者在二分问答形式下做出的是二元决策，即买或不买，这种决策形式满足激励相容原则，这也构成了二分问答相较于开放式问答和支付卡形式的最大优势。此外，二分问答的问卷形式设计中包含了基准价格信息，这就有效避免了开放式问答中回答的盲目性，提高了估计结果的可靠性。

但是，与前两种表达形式相比，研究人员从二分问答的回答中所获得的有效信息最少。在开放式问答中，研究人员可以获知受访者支付意愿的一个确定值。根据具体的细分形式选择不同，研究人员从支付卡形式的回答中可以获知受访者支付意愿的一个确定值，或者一个具有有限边界的范围。但是，从二分问答的回答中，研究人员只能获知受访者的支付意愿大于或小于问题中提出的竞价水平 B，即研究人员得到的是一个具有无穷大上界或无穷小下界的粗略范围。当受访者愿意接受竞价水平 B 时，其支付意愿在 $[B,+\infty)$ 的区间里；当受访者不愿意接受竞价水平 B 时，其支付意愿在 $(-\infty,B)$ 的区间里。举例来说，假设个体对空气质量改善的真实支付意愿是 15 元/月，而且他清楚地知道自己的支付意愿，也在三种表达形式中有效地表达了自己的支付意愿。那么，研究人员采用开放式问答形式，受访者实质上相当于在无限连续区间 $(-\infty,+\infty)$ 里进行选择，他将直接告知其 15 元/月的支付意愿；采用支付卡形式，将获知该受访者的支付意愿处于 $[10,20]$ 区间[①]；采用二分问答形式，则仅能获知该受访者的支付意愿大于或等于 15 元/月。

无论如何，在二分问答中获得了一个具有无穷大上限或无穷小下限的粗略范围后，我们仍需要借助参数模型估计潜在总体的支付意愿的期望值。本书参考 Hanemann（1984）的随机效用模型展开简单介绍[②]。现在，让我们沿用 4.1 节间接效用函数的定义，并将标准化消费品的价格设定为 1，此时一个收入为 y 的受访者在原始环境质量 q^0 下的间接效用水平为 $V(q^0;s,y)$，如果该受访者付出二分问答中提出的对价以换取更高水平的环境质量，那么其就可以享用更高水平的环境质量 q^1，但同时减少了可支配净收入至 $y-B$，此时的间接效用水平为 $V(q^1;s,y-B)$。那么，一个受访者对二分问答中提出的竞价水平的决策原则即为

$$接受竞价水平：V(q^1;s,y-B) \geqslant V(q^0;s,y)$$

$$拒绝竞价水平：V(q^1;s,y-B) < V(q^0;s,y) \qquad (4\text{-}2)$$

---

① 这一区间的具体范围取决于支付卡设置的具体形式。

② 感兴趣的读者还可以自行研读 Cameron（1987）的最优花费方程模型，这也是一种通过有限选择数据来估计价值当量的常用方法。

这是一个简单的确定性偏好模型。如果所有受访者的间接效用函数形式一致，且都按照上述规则决策，我们应观察到所有具有相同个体特征（s）和收入水平（y）的受访者做出相同的决策。但现实并非如此。举例来说，除收入外，我们仅能观察到受访者两个维度的个体特征，即性别和受教育程度。那么，根据确定性偏好模型，所有具有大学本科学历的女性，在相同收入水平下，应该一致地接受或一致地拒绝二分问答中所提出的竞价水平，但经验数据中呈现出来的决策分布呈现随机性[①]。

为了解决这一随机性问题，Hanemann 提出了随机效用模型。他认为，个体效用除了取决于可观测的环境质量 q、收入水平 y 和个体特征 s 之外，还受到一个不可观测的随机扰动项 ε 的影响。为了简化论述，我们假设这一扰动项对间接效用的影响呈现可加形式，即 $V(q;s,y,\varepsilon)=V(q;s,y)+\varepsilon$。此时，受访者接受二分问答中提出的竞价水平的条件就可以改写为

$$V(q^1;s,y-B)+\varepsilon_1 \geqslant V(q^0;s,y)+\varepsilon_0 \tag{4-3}$$

其中，ε_0 表示原始情形中的效用扰动；ε_1 表示环境条件改善情形中的效用扰动。在上述设定下，我们就可以用 Probit 或 Logit 等参数模型来估计潜在总体的支付意愿的期望值。

下面，我们仅以线性 Logit 模型为例，继续阐释这一估计过程。在线性 Logit 模型中，我们假设间接效用函数呈线性形式，因此：

$$V(q;s,y,\varepsilon)=\alpha+\beta y+\gamma q+\eta q\times s+\varepsilon \;^{②} \tag{4-4}$$

结合公式（4-2）～公式（4-4），我们可以将个体接受二分问答中的竞价水平的概率写为

$$\Pr(\text{yes}_i)=\Pr\{\Delta\varepsilon \leqslant (\gamma+\eta\times s)\Delta q-\beta B\} \tag{4-5}$$

其中，$\Delta\varepsilon=\varepsilon_1-\varepsilon_0$，并服从一个期望为 0 的 Logistic 分布；$\Delta q=q^1-q^0$，表示环境质量的变化程度；α、β、γ、η 均表示模型中的待估参数。通过二分问答形式的条件价值评估调查，我们可以获得这样一组数据，它包括每个受访者面对的环境质量改变程度 Δq、研究人员预置的竞价水平 B、受访者的个人特征变量 s，以及该受访者最后是否接受了支付竞价。基于以上数据，我们就可以利用最大似然估计方法一致地估计上述 Logit 模型中的相关参数，并获得间接效用函数 V 的具体形式。在此

[①] 读者可能认为，这种随机性的成因是我们无法完全地观测到受访者的所有个体特征。如果观测完备，我们就可以在更细分的尺度上对受访者进行分类，并保证每一个分类下的受访者环境质量的偏好完全一致，那么，他们关于接受或拒绝二分问答中提出的竞价水平的决策就应该完全一致。但这一理想化的做法在现实中几乎无法实现。一方面，这是因为研究者不可能无限穷尽地定义个体的所有经济社会属性。另一方面，即便实现了上述穷尽，个体的效用水平可能还取决于无法彻底观测的心理因素等。因此，效用决定过程中的随机性无法避免。

[②] 在这一效用函数设定中，我们将个体特征简化为一个单一维度的变量 s，并假设该个体特征会影响个体对环境质量的效用评价，因此在效用函数中引入 s 和 q 的交叉项。

基础上，我们就可以评估个体对拟评价的环境质量变化的支付意愿了。具体而言，我们将个体的真实支付意愿记为 C，也就是说个体在以下两种情形中无差异，在这两种情形中的效用相等。这两种情形分别是：①维持原有状态；②个体付出 C 并获得更好的环境质量。上述思路可表达为如下数学形式：

$$V(q^1; s, y - C, \varepsilon_1) = V(q^0; s, y, \varepsilon_0)$$

$$\alpha + \beta(y - C) + \gamma q^1 + \eta q^1 \times s + \varepsilon_1 = \alpha + \beta y + \gamma q^0 + \eta q^0 \times s + \varepsilon_0$$

$$C = \frac{(\gamma + \eta \times s)\Delta q}{\beta} - \frac{\Delta \varepsilon}{\beta} \tag{4-6}$$

公式（4-6）解释了为什么个体间的支付意愿是不同的。这种差异一方面来源于公式（4-6）右手边第一项中的个体特征 s 的差异，另一方面来源于公式（4-6）右手边第二项中随机扰动项的差异。因为我们已经假设 ε 在给定可观测变量时的条件期望为 0，因此，依据公式（4-6），我们可以计算任一具有相同经济社会特征的群体对相应环境质量变化的期望支付意愿，即 $\frac{(\gamma + \eta \times s)\Delta q}{\beta}$。进一步地，如果研究者关心潜在总体对这一环境质量变化的支付意愿，他们可以通过加权平均不同经济社会群体的期望支付意愿来获得潜在总体的支付意愿。值得说明的是，在介绍基于二分问答形式估计支付意愿的过程中，我们涉及了很多计量经济学的概念和方法，尤其是 Probit 和 Logit 回归的方法。但囿于本书的篇幅和主题，我们并没有展开论述这些方法，这可能会给读者的理解造成一定障碍。希望进一步深入了解具体估计细节的读者，可以选取任一计量经济学教材中的相应部分进行阅读[①]。

下面，我们基于 Phaneuf 等（2013）的论文，介绍一个采用二分问答方式的条件价值评估实例。该研究关注美国北卡罗来纳州区域内湖泊水体污染问题，采用条件价值评估法分析了本州居民对湖泊水质改善的支付意愿。该研究中设定的支付手段和支付意愿表达形式如下：

> "政府正在考虑实施一个改善北卡罗来纳州湖泊水质的项目，这个项目需要每个家庭的支持。项目实施后，我们日常生活中的一些花费可能会增加，比如，对房屋所有者来说，每个月需缴纳的水费会上升，对那些房租中已包含水费的租户来说，每个月的房租会上涨。政府将采用全民公投的形式决定是否实施该项目。试想，项目实施后，您的家庭将每年为此多支出 B 美元，您是否会投票支持该项目？"

在调查中，研究人员将上述节选问卷中的 B 美元随机置换为 24 美元、120 美元、216 美元和 360 美元四个具体数值。也就是说，每一个受访者将随机面对上述

---

① 对于初级读者，我们推荐阅读 Stock 和 Watson（2019）的 *Introduction to Econometrics* 中的第 11 章。

四个竞价水平中的任意一个，并决定在该水平上是否支持水质改善项目。该研究共调查了 302 位受访者，他们面临的竞价水平分别为 24 美元（ 81 人 ）、120 美元（ 78 人 ）、216 美元（ 75 人 ）、360 美元（ 68 人 ），其中，约 55% 的受访者愿意增加每年生活支出以改善当地湖泊水质。通过 Logit 回归，研究人员得出以下间接效用估计方程：

$$V_i = -0.0032 \times B_i + 0.769 \times q_i \tag{4-7}$$

在这一结果中，研究人员忽略了经济社会属性特征和基础收入水平对个体支付意愿的影响，因而个体随机面对的竞价水平 B_i 独立进入回归模型，衡量环境质量变化的变量被简化为取值为 0 或 1 的虚拟变量，$q_i = 1$ 代表实施了水质改善项目，$q_i = 0$ 代表基准状态。基于以上回归结果，我们可以估算出北卡罗来纳州居民对湖泊水质改善的支付意愿的期望值为 241 美元/年[①]。

从理论层面看，二分问答方式是最严谨的诱导支付意愿表达的方式，其完全符合激励相容原则，因而也最受认可。然而，如前文所述，采用二分问答方式获取支付意愿信息的效率极低。与其他支付意愿表达方式相比，采用二分问答方式的调研从单一问卷中获得的有效信息量最少。这也意味着，为了获得足够多的信息量，研究人员要扩大调研规模，增加调研预算。为了缓解上述研究在严谨性和研究成本之间的矛盾，学者在实践中提出了多种二分问答的改进形式，其中以双界二分问答（ double-bounded dichotomous choice ）形式最具代表性。在这一改进形式中，在受访者回答了基础二分问题后，研究人员会追问受访者进一步的支付意愿。如果受访者接受了初始二分问答中的竞价水平，研究人员将提出更高的竞价水平，并让受访者在下一个二分问答中继续决策是否接受这一更高的竞价水平；如果受访者拒绝了初始二分问答中的竞价水平，研究人员将提出更低的竞价水平，并让受访者在下一个二分问答中继续决策是否接受这一更低的竞价水平。在该形式下，受访者将面对 B_1 和 B_2 两个竞价水平，其中角标 1 和 2 分别代表第一轮和第二轮竞价。这种追问的形式可以帮助研究人员在同一份调查问卷中进一步确定受访者支付意愿的区间范围（表 4-1）。

表 4-1　双界二分问答形式中支付意愿范围的确定

第一轮 B_1	第二轮 B_2	支付意愿区间
接受	不接受	$B_1 < \mathrm{WTP} < B_2$
不接受	接受	$B_1 > \mathrm{WTP} > B_2$
接受	接受	$\mathrm{WTP} \geqslant B_2$
不接受	不接受	$\mathrm{WTP} < B_2$

---

① 计算过程见 Phaneuf 等（ 2013 ）的文章原文。

相较于基准的二分问答形式，双界二分问答提高了信息获取的效率，研究者可以在同一份调查问卷中获得更为明确的支付意愿范围。然而，双界二分问答也存在两个主要缺点，限制了其被学术界认可的程度。其一，双界二分问答形式可能会改变受访者的支付信念，令其认为存在讨价还价的空间，进而策略性地回答第二轮的二分问题，因此受访者在第二轮中的回答并不满足激励相容原则。其二，双界二分问答形式大大增大了模型分析的复杂度。在对从双界二分问答中获取的数据进行实证分析时，研究人员需要考虑四种事件的概率，即 Pr(yes, no)、Pr(no, yes)、Pr(yes, yes)、Pr(no, no)。针对这一问题，Cameron 和 Quiggin（1994）提出采用 Bivariate Probit 模型估计双界二分问答中的间接效用方程参数，但是该模型会无法避免地低估潜在总体的支付意愿。鉴于上述两点原因，学术界通行的做法是仅采用第一轮二分问答的数据作为估计支付意愿的主要依据，将依据双界二分问答形式的估计结果作为稳健性检验等的支撑证据。

值得说明的是，在双界二分问答的基础上，也有部分研究进一步增加同一份问卷中二分问答的轮次，将其拓展为反复出价形式。比如，在受访者接受了第一轮的竞价水平 B_1，但拒绝了第二轮更高的竞价水平 B_2 时，研究人员可能提出第三个竞价水平 B_3（$B_1 < B_3 < B_2$）让受访者做接受或拒绝的选择。鉴于双界二分问答已经降低了支付意愿估计的激励相容程度，反复出价形式会进一步加剧这一问题，因此这也是应该在实践中规避的做法。

综上所述，我们介绍了条件价值评估中几种主要的支付意愿表达形式，其各自特征及相应的优缺点总结于表 4-2 中。如前文所介绍，表达形式主要包括开放式问答形式、支付卡形式，以及二分问答形式。

表 4-2　各支付意愿表达形式的特征总结

特征	开放式问答	支付卡	二分问答
是否满足激励相容原则	否	否	是
是否提供基准价参照	否	是	是
获取支付意愿信息的形式	无限区间	有限区间	半无限区间
潜在问题	"零"支付意愿	锚定效应	锚定效应

4. 搜集辅助信息

在条件价值评估的问卷中，除了上述用于评估支付意愿的主体问题之外，我们往往还需要搜集一些辅助信息，这主要包括受访者的社会经济属性，如性别、年龄、受教育程度、职业、收入、环境态度、风险态度等，以及对问卷中支付意愿表达有效性的查验。比如，研究人员可以在问卷结尾处设置问题查验受访者是否理解了待估环境品或其质量变化的内容，是否对问卷中提及的支付手段存在抵触情绪等。辅助信息主要有以下三点作用。第一，帮助研究人员明确一份样本问卷的有效性。第二，帮助研究人员查验相关变量在不同社会经济属性群体间的分布，发现或规避样本选择问题。第三，辅助信息中的社会经济属性变量可以作为估计总体支付意愿的控制变量。

4.2.3　条件价值评估流程方案设计

在一份合理且有效的调查问卷的基础之上，研究人员还需要优化整个调查流程以保证数据搜集的有效性。问卷调查本身即是一个庞大的学科体系[①]，涉及诸多烦琐精细的问题，囿于本书的篇幅和主题，我们无法在此一一展开，仅仅在本节简单勾勒条件价值评估调查中的几个重要步骤。

1. 明确潜在受影响群体

条件价值评估一般用来分析环境品或环境品质量变化对人群福利的影响。通过生态网络的连接，可以说，任何一种环境品或任何一处生态条件的改变都会对全体人类的环境福利产生影响。显然，对于不同环境品，其影响的辐射范围可能差异巨大，如气候变化的影响遍及世界所有地区，而柴达木盆地的荒漠化可能更多地影响区域内居民的福利。因此，在采用条件价值评估法估计某一环境品的价值时，我们首先需要明确通过哪一部分人群的支付意愿来反映这一价值。这也是我们研究的潜在总体。

2. 明确样本形成机制

由于潜在总体中包含的人群数量庞大，我们在实践中几乎无法通过调查每一个人的支付意愿来获得支付意愿的期望，也就是说，普查往往是不可行的。作为替代，我们需要从上述潜在总体中抽取一个具有代表性的样本，并通过样本表现估计潜在总体的期望支付意愿。因此，研究人员就需要明确抽样机制。一般来说，完全随机抽样是最理想的抽样方案，在特定情形中，分层抽样也是可以接受的方案。另外，研究人员还需明确抽样的单元，一般来说，我们考虑以个人、家庭或者企业为单位进行抽样。抽样单元的选择会影响问卷设计方案。比如，以家庭为单位抽样时，其支付主体就应设置为家庭，而且除了搜集受访者的社会经济属性信息外，还应搜集其他家庭成员的相关信息。同样，抽样单元的选择也决定了在加总获得全社会总体支付意愿时我们应该采用的基础加总单元。

---

① 参见 Groves 等（2009）。

3. 预调查

在明确潜在总体和抽样机制后，研究人员应在上述框架，选取少量随机样本进行预调查。预调查就是在正式调查开始之前，在局部小范围内，实验性地实施调查以获得完善调查方案的相关信息，发现问卷设计中的漏洞，尽可能清除正式调查中存在的问题，提高正式调查的质量。一般来说，研究人员应该通过预调查重点解决以下问题：①明确关键信息以完善整体实验设计，如根据预调查随机样本在关键变量上的方差确定样本容量，根据预调查随机样本的支付意愿分布优化支付卡形式中的选项设计；②矫正问卷中的语言设计，保证问卷问题准确、易懂；③矫正问卷中的支付手段和支付意愿表达形式，确保问卷中建立的假想市场易于被潜在受访者接受，并使其能够在该市场中真实地表达支付意愿；④及时发现缺失信息，并在问卷设计中补足。预调查的实施往往是一个循环往复的过程，研究人员需要通过多轮的研究方案设计—预调查—研究方案修改来不断完善调查方案，并最终达到一个至臻境界。

4. 明确样本容量

从理论上讲，样本容量越大，研究人员最终获得的参数估计结果越准确，我们也就可以更自信地推断潜在总体的支付意愿。然而，样本容量越大也意味着调查支出越大，研究人员往往需要在这二者间取得平衡。平衡的原则有很多种。比如，研究设计者可以要求在给定预算限制下，抽取最大的样本容量。或者，研究人员也可以主观选择一个最大可忍受精度误差，再根据这一主观标准确定样本容量。根据统计理论，支付意愿期望估计的标准误等于个体支付意愿的标准差（σ）除以样本容量（n）的平方根，即 $S_{\mathrm{WTP}}=\dfrac{\sigma}{\sqrt{n}}$。$S_{\mathrm{WTP}}$ 由主观选择的精度误差所决定，对 σ 可以通过预调查中的相关信息进行估计，进而研究人员就可以依据上述公式计算最低样本容量 n。

5. 选择数据采集方式

常用的数据采集方法包括：传统邮件调查、电话调查、基于电子邮件或网络平台的网络调查以及面对面调查。在存在完备的居民地址普查记录的条件下，传统邮件调查可以使研究者较容易地实现其随机抽样方案，这是比较常用的调查实施方式之一。但基于传统邮寄邮件的调查存在无应答偏差（non-response bias）和低回复率等问题。电话调查是最不适用于条件价值评估的一种调查方式，因为在电话中介绍环境品及其质量变化的效率较低，而且电话调查的时间也相对受限。基于电子邮件或网络平台的网络调查是现在通行的调查方式之一，其优势是调查成本低，在给定预算条件下，研究者可以大大扩充样本容量。然而，由于很少存在网络用户的普查信息，研究者很难在实施调查之前建立一个完备的抽样框，因此网络平台上抽样的随机性常常受到质疑。加之网络调查和传统邮件调查类似，存在无应答偏差和低回复率问题，这进一步加剧了对其随机性的质疑。面对面调查是最严谨的调查方式，在面对面调查中，调查员可以较为全面地向受访者解释环境品及其质量变化，从多个维度观察受访者对相关问题的态度，判断其是否存在抵触情绪和信息混淆等问题，并可以严格控制问答质量和问答时间。然而，面对面调查的实施成本较高。每一种调查方式都有其优势和劣势，研究人员应当根据研究的具体问题和待估环境品的具体特征选择合适的调查方式。

至此，在一份完备问卷的基础上，通过合理可信的调查流程采集相关数据，再辅以相应的计量分析手段，研究人员就可以获知潜在总体的支付意愿的期望值，或潜在总体中具有不同社会经济属性的各群体的支付意愿的期望值，并通过特定的加和方式将各群体的支付意愿相加，以得到该目标人群对某一环境品或环境质量变化的价值评估。

■ 4.3　离散选择实验法

在条件价值评估法中，我们设定某一特定的环境品，搜集受访者的支付意愿信息，并估计潜在总体对该特定环境品或环境质量改善的支付意愿。在这种估计方法中，环境品及其质量的改善往往作为一个打包好的总体出现，研究人员也仅估计这一总体的价值。在更晚近的研究中，陈述性偏好分析大类中发展出另外一种估值方法，即离散选择实验法（Louviere and Hensher，1982）。它让受访者在具有不同属性特征的环境品之间进行选择，来表达他们对这些环境品的偏好顺序，并透过偏好顺序间接度量人们对环境品的支付意愿。而且，由于离散选择实验可以灵活变动构成环境品的属性特征，因此它还可以用于评估环境品某一特定属性的价值。从后面的分析中，读者可以看到，离散选择实验法同时借鉴了特征价格法、旅行成本法和条件价值评估法的相关技术特征，是一种非常灵活的价值评估手段。

下面，我们先通过一个例子直观理解什么是离散选择实验法。在这一实验中，我们提供两个湖区，并让受访者从其中选择一个作为周末旅行的目的地。在实验的设定中，到这两个湖区游玩的效用完全取决于湖区各自的水质和受访者的旅行时间，这些属性总结于表 4-3 中。显然，在这样的选择问题中，受访者需要在环境品质量（湖水水质）和一个具有显性货币等价的属性特征（旅行的时间成本）之间进行权衡比较；透过这样的选择结果，研究人员不仅可以估计个体对湖区景观的支付意愿，还能估计他们对湖区景观各个特征改善的支付意愿。比如，在给定湖水颜色、异味程度和水藻分布的情况下，研究人员可以分析潜在总体对湖水清澈度改善的支付意愿。

表 4-3　湖区景点的属性特征及离散选择问题

水质特征	湖区 1		湖区 2
颜色	蓝色/绿色		蓝色/棕色
清澈度	1~2 英尺		2~5 英尺
异味程度	微弱、每年 1~2 天		微弱、每年 1~2 天
水藻分布	离岸距离较近，每年大约 1 周		离岸距离较近，每年 1~2 天
单程车程	40 分钟车程		120 分钟车程
请问您愿意选择哪个景点？	选项 A（湖区 1）	选项 B（湖区 2）	选项 C（我宁愿不参观）

注：1 英尺 = 3.048×10⁻¹ 米

离散选择实验法与条件价值评估法都是基于调查展开的陈述性价值评估方法。但二者最明显的区别在于，前者并不要求受访者表达支付意愿的具体金额，也不要求其对某个具体的支付意愿金额进行决策表态，它仅仅要求受访者在具有不同属性特征的环境品之间依据偏好进行选择，只要这些属性中至少有一个和显性货币等价相关，研究人员就可以透过受访者在具有不同属性特征的环境品之间的取舍来估计环境品及其属性特征的价值。在离散选择实验法中，每一个供选择的环境品称为选项（alternative），如上例中的湖区 1 和湖区 2；构成环境品的各个特征称为其属性（attribute），如上例中的湖水颜色、清澈度、异味程度、水藻分布和单程车程；每个属性的不同取值则称为程度（level），如上例中湖水的清澈度就分为 1~2 英尺和 2~5 英尺两个程度。在明晰上述基本概念后，我们将通过逐一介绍离散选择实验法的各个基本步骤，来解析这一方法。

4.3.1　确定决策问题的特征

与条件价值评估法类似，实施离散选择实验法的第一步是对环境品及其纳入研究范围的关键属性进行明确定义，这主要包括：①环境品及其质量变化的空间特征，如环境品质量变化发生在单站点还是多站点，环境品质量变化是否存在空间上的溢出效应；②环境品及其质量变化的时间特征，如环境品质量变化是瞬时完成还是历经了一个持续的时间段才得以完成；③环境品质量改善的获益者，这决定了一项离散选择实验的潜在总体的范围；④决定环境品价值的关键属性，比如，在评估某海滩作为环境品的价值时，其关键属性既包括决定海滩使用价值的海水清澈度、海滩整洁度、相关休息和盥洗设施的完备程度等，也包括决定海滩非使用价值的生态完备性等特征。在设计离散选择实验时，研究人员往往需要通过访谈或预调查来确定将环境品的哪些属性列入研究范围。比如，他们常常在预调查访谈中询问："当评价海滩的好坏时，您认为哪些因素比较重要？""当您选择去海滩游玩时，哪些因素会影响您出行的选择？"等问题。诚然，一方面，实验设置的属性越多，对环境品的描述越完备，研究人员获得的可分析信息越多；但另一方面，在离散选择实验中设置过多属性会让实验过于复杂，不利于受访者高质量地完成问卷访谈。因此，如何平衡这两方面的考量，精简而充分地选择具有代表性的属性进入实验，是离散选择实验设计中的一个关键问题。

4.3.2 因子设计

在明确纳入实验研究的环境品属性后，研究人员通过排列组合各个属性的表现构建出一系列环境品选项，供潜在受访者选择，这一过程被称为因子设计，其中的因子是指决定环境品价值的属性。现在，我们用一个高度简化的例子来说明这一设计过程。假设一个社区公园的质量水平由以下三个属性决定：是否实现全绿地覆盖、是否设置简易健身设施、是否修建休闲步道。显然，每个属性都仅有是和否两个可能的表现。因此，我们可以通过任意组合这三个属性的表现构建出 2^3 个不同的因子组合，即 2^3 种具有不同质量水平的社区公园（表 4-4）。也就是说，这一离散选择实验最多可涵盖 2^3 种环境品选项。更一般地，如果在一项离散选择实验中考虑 N 个环境品属性，每个属性有 L_i 个可能的表现程度，那么，研究人员就可以由此构建出 $\prod_{i=1}^{N} L_i$ 种环境品选项。

表 4-4 社区公园质量水平的因子设计方案

	主效应			交互效应		
	绿地覆盖 A1	健身设施 A2	休闲步道 A3	A1×A2	A1×A3	A2×A3
	上半区部分因子设计					
社区公园 1	−1	−1	+1	+1	−1	−1
社区公园 2	−1	+1	−1	−1	+1	−1
社区公园 3	+1	−1	−1	−1	−1	+1
社区公园 4	+1	+1	+1	+1	+1	+1
	下半区部分因子设计					
社区公园 5	−1	−1	−1	+1	+1	+1
社区公园 6	−1	+1	+1	−1	−1	+1
社区公园 7	+1	−1	+1	−1	+1	−1
社区公园 8	+1	+1	−1	+1	−1	−1

注：表中"+1"表示对应属性的表现程度为"是"，"−1"表示对应属性的表现程度为"否"

  显然，通过因子设计构建出来的环境品，其各个属性之间的表现完全独立。比如，在上述 2^3 种具有不同质量水平的社区公园中，社区公园是否实现了全绿地覆盖和社区公园是否设置了简易健身设施，这两件事情是相互独立的。也就是说，一个实现了全绿地覆盖的社区公园既可以设置简易健身设施，也可以不设置健身设施；对于一个未实现全绿地覆盖的社区公园来说亦是如此。然而，在现实中，一个环境品的多种属性的表现往往是相关的。比如，湖水的清澈程度和湖区水藻的分布程度往往呈负相关，我们很难找到密布水藻但清澈见底的湖水。这时，如果采用各个属性的表现程度完全随机组合的方式构建环境品，我们就会在离散选择实验中虚拟地构造出与现实矛盾的环境品（如高清澈度和高水藻分布程度并存的湖水）。这种矛盾性陈述的出现，会让受访者对离散选择实验问卷本身的合理性产生怀疑，因而做出有偏误的选择，或直接拒绝对问卷作答。解决上述属性相关性问题的最好方法是，在因子设计阶段就对纳入实验的各个属性进行仔细甄别，在高度相关的属性中仅选择一个进入实验设计，从而保证实验中考虑的环境品属性之间相互独立。一般来说，这一甄别过程应该在预调查阶段完成。

  另外，一项离散选择实验可以构建出 $\prod_{i=1}^{N} L_i$ 种环境品选项。也就是说，当一项离散选择实验所考虑的环境品属性越多，每个属性所允许的表现越多时，实验的设计就会愈发复杂。因此，研究人员应该在实验设计中严格控制 N 和 L_i 的大小，尽量精简实验设计。然而，即使在一个相对简单的情境中，如仅考虑 5 种环境品属性，每个属性仅有 4 个可能的表现，我们也会构建出 1024 种环境品选项。让每个受访者在 1024 种选项之间进行选择并排序，这显然超出了给定时间内人类个体认知能力的极限。因此，我们不可避免地要缩减每一份调查问卷中出现的环境品选项的数量。那么，如何完成缩减呢？一种方法是进行部分因子设计（fractional factorial design），即选择所有可能环境品选项中的一部分进行离散选择实验。如在表 4-4 中，我们可以仅选择上半区的社区公园 1~4 进行离散选择实验，也可以选择下半区的社区公园 5~8 进行离散选择实验。这可以极大地减少因子设计中环境品选项的数量，降低实验设计和问卷的复杂程度。然而，部分因子设计的缺陷在于，它可能导致有效信息损失。仍以表 4-4 为例，如果我们考虑全部 8 种社区公园质量水平，社区公园质量在各个属性及各个属性的二次交互项上的表现都是相互独立的。但如果我们仅考虑上半区的 4 种社区公园质量水平，它们在休闲步道（A3）上的表现和在绿地覆盖与健身设施二者上的交互表现（A1×A2）是完全一致的。也就是说，如果我们把基于这样的部分因子设计实验所获取的数据用于计量分析，我们将无法有效地分离出 A3 和 A1×A2 的表现程度对受访者决策的影响，也即无法分离出它们对受访者支付意愿的影响。那么，我们也就无法准确评估休闲步道设施改善这一特定的环境品质量变化的社会价值。为了克服这一缺陷，研究人员在进行部分因子设计时，往往回避表 4-4 中这种具有某种规律性的部分环境品选取方式，而采用随机选取方式，以期避免选择出的环境品在各个属性及其交互项上出现线性关联。这种设计方式因而也被称为随机设计（randomized design）。但是，随机设计能够有效避免各个属性表现相关的前提是，可供随机抽样的潜在环境品选项足够多。

4.3.3　选择方案设计

在通过因子设计明确纳入离散选择实验考虑的环境品选项后，我们还需要进一步设计选择环境，使受访者在设定好的环境中表达其选择偏好。简单地说，一个选择环境即可视为一个选择问题，其中最关键的要素是如何组合环境品选项，形成一个选择问题中的选项结构（choice set）。诚然，我们可以把纳入离散选择实验的所有环境品选项都放在一个选择问题中，让受访者从中选择其一。但纳入实验的环境品选项仍然可能有成百上千种，由此形成的超长选择问题可能会妨碍受访者进行有效选择。在现行的多数离散选择实验中，为了保证选择决策理性且有效，研究人员往往在一个选择问题中仅设置两个具有不同属性特征表现的环境品供受访者选择，如表 4-5 所示。

表 4-5　社区公园的离散选择问题设计

属性	选项		
	社区公园 1	社区公园 2	
是否实现全绿地覆盖	是	是	我宁愿待在家中，哪个公园我都不愿意去
是否设置简易健身设施	是	否	
是否修建休闲步道	是	否	
门票价格	10 元	免费	
我更倾向于	（　）	（　）	（　）

假设通过随机设计方案，我们选取了 m 种环境品选项进入离散选择实验。那么，由这 m 种环境品选项，我们便可以构建出 C_m^2 个两两比较的选择问题，其中 C_m^2 为从 m 个选项中任意选取两个的组合个数。仍以简化的社区公园为例，所有可能的环境品选项为 2^3 个，我们可以由此构造出 28 个两两比较的选择问题。一个理想的情境是，让每一位受访者都分别对上述 28 个两两比较选择问题作答，从而获得他们对不同环境品偏好的排序的充分信息。然而，在现实的离散选择实验中，让受访者同时完成 28 个选择问题显然又超出了个体合理认知的承受范围。现实的离散选择实验所考虑的环境品选项要远远多于我们的简化例子，这时其所对应的两两比较问题就更多，

让每一位受访者完成所有两两比较问题也就变得更不可行。这时，研究人员依然可以通过随机选取方式解决上述问题。假设在合理的认知负担范围内，个体可以有效地同时回答 k 个两两比较问题。那么，对于每一位受访者，研究人员都可以从上述 C_m^2 个选择问题中随机抽取 k 个让受访者作答。只要研究设计者可以保证其调查样本足够大，而且调查对象在某种程度上是同质的，我们仍然可以从这样的随机设计中获得足够的信息来评估潜在总体对特定环境品或环境品某一特征改善的支付意愿。

一般来说，在离散选择实验的选择问题中，除了上述两个有待评估的环境品选项外，我们还应当提供给受访者一个退出选项（opt-out option），如表 4-5 中的最后一列所示。这是因为，在现实的决策环境中，当消费者面临两个商品进行购买决策时，他始终保有不买的权利，退出选项很好地模拟了这一权利。也就是说，当一位受访者对一个选择问题中的两种环境品选项都不满意时，即当选择其中任何一个都会降低受访者的效用水平时，他可以通过选择退出来表达这一效用偏好。如果研究设计者在两两选择问题中不设置退出选项，这就意味着受访者被强制要求在两个环境品选项中选择其一。这时，他们表达的偏好事实上就变成了一种条件偏好，即在一定要在两种环境品选项中选择其一的条件下的偏好。这时的偏好表达会出现系统性偏误。

最后，在表 4-5 中，读者可以发现，除了简化例子中考虑的社区公园的三个环境属性外，我们还增加了门票价格这一货币属性。正如 4.3 节开篇部分所述，为了通过离散选择实验评估环境品的货币价值，我们必须考虑至少一项具有显性货币等价的属性特征，并通过观察受访者在货币属性和环境属性间的取舍来估计他们对特定环境品的支付意愿。表 4-5 中纳入门票价格属性正是满足了这一条件。但同时，社区公园这一环境品的属性维度的增加也相应增加了可能的环境品选项的数量。在仅考虑三个环境属性，且每个属性仅有是和否两个可能的表现时，我们通过任意组合各属性的表现，可以构造出 2^3 种具有不同质量水平的社区公园。当增加了门票价格这一属性时，假设门票价格也仅存在免费和 10 元这两个可能的表现，我们可以构造出的社区公园种类就扩充为 2^4 种。潜在环境品选项的增加又会大大增加两两比较选择问题的数量，从而进一步提高离散选择实验设计的复杂程度。这些都是研究人员在实验设计阶段需要仔细考虑的细节问题。

4.3.4 调查设计与实施

在选择方案设计完成后，研究人员还需要通过调查方式搜集相关数据。在调查方案设计的诸多方面，如明确潜在受影响群体，形成抽样机制，设计、实施、开展预调查，确定样本容量，搜集辅助信息，选择数据收集方式等，离散选择实验法与条件价值评估法的设计思路极为相似，我们在此不再赘述。

4.3.5　离散选择实验的数据分析

通过离散选择实验获得的调查结果需要转化为数据表格形式，才能用于后续的计量分析。仍以上文提到的社区公园质量水平评估为例，其调查结果可以以表 4-6 的形式进行汇总。篇幅所限，表 4-6 仅展示了这一调查结果的部分截取内容。一般来说，这一表格应包含以下主要部分：①受访者代码（P-ID），它代表做出相关选择的主体；②每一位受访者面临的选择问题中的环境品选项的个数（cset），如果离散选择实验采取主流的两两选择问题形式，cset 的取值一般为 2；③选择问题中的每一个选项的代码（alti），它代表了一个具体的环境品选项；④构成这个环境品选项的所有属性的表现（green、facility、comfort1、comfort2、fee）；⑤受访者最终的选择结果（choise），1 代表受访者在两两选择问题中选择了这一选项，而 0 代表对应选项没有被选择。另外，一段连续的同色区域（表 4-6 中的浅灰色区域）代表这些数据记录来自同一个选择问题。由此可见，汇总离散选择实验结果的数据表中的每一行记录了每一位受访者在每一个选择问题中对每一个选项的决策情况。表 4-6 截取了01 号受访者在两个选择问题中的选择结果，以及 02 号受访者在一个选择问题中的选择结果。显然，他们面临的选择问题都仅包含两个环境品选项（cset = 2），而这两个选项可能包含不同的组合。比如，01 号受访者回答的第一个选择问题中包含了社区公园 1 和社区公园 2 的选项；而他回答的第二个选择问题则包含了社区公园 2 和社区公园 5 的选项。同时，这一表格记录了 01 号受访者在面临第一个选择问题时，选择了社区公园 1，而在面临第二个选择问题时，则选择了退出选项。

表 4-6　离散选择实验数据的一般结构

P-ID	cset	alti	green	facility	comfort1	comfort2	fee	choise
01	2	1	−1	−1	1	0	0	1
01	2	2	−1	+1	−1	−1	10	0
01	2	2	−1	+1	−1	−1	10	0
01	2	5	−1	−1	−1	−1	10	0
02	2	3	+1	−1	0	1	0	1
02	2	4	+1	+1	0	0	10	0

在表 4-6 中，我们还应注意环境品各属性特征表现程度的编码方式。以 green 这个变量为例，它对应了是否实现全绿地覆盖这一属性。按照惯常的虚拟变量编码方式，如果实现了全绿地覆盖，green 的取值应为 1，如果没有实现，green 的取值应

为 0。但显然，表 4-6 中所示的编码并不符合这一规则。事实上，在离散选择实验中，研究人员为了保证能够有效估计出环境品属性的每一个表现程度对个体效用的影响，往往摒弃虚拟编码方式，而采用效应编码（effect coding）方式。效应编码的规则如下。假设某一属性存在 L 个可能的表现，我们需要构建 $L-1$ 个效应变量来表示这 L 个表现。首先，按照如下规则构建第一个效应变量 EC_1：①如果该属性为第一个表现，记 $EC_1=1$；②如果该属性为第 L 个表现，记 $EC_1=-1$；③对于所有其他的表现，记 $EC_1=0$。因此，如果一个属性仅有两个可能的表现，如 green，我们可以仅用一个效应变量来表示这一属性的变化，green $=1$ 代表社区公园实现了全绿地覆盖，green $=-1$ 代表社区公园未实现全绿地覆盖。如果属性的可能表现程度多于两个，我们应按照如下规则构建第二个效应变量 EC_2：①如果该属性为第二个表现，记 $EC_2=1$；②如果该属性为第 L 个表现，记 $EC_2=-1$；③对于所有其他的表现，记 $EC_2=0$。并以此类推，构建效应变量 EC_3 至 EC_{L-1}。为了说明这一点，我们在表 4-6 中，将描述社区公园的休闲步道设施状况的变量稍作调整，从原来仅区分是否有步道，调整为区分步道的舒适程度，并考虑低、中、高三种不同的舒适程度。此时，描述休闲步道设施状况的变量就有了三个可能的表现，因此需要构建两个效应变量来刻画这一属性，即表 4-6 中的 comfort1 和 comfort2 两个变量，其构建方式完全符合上述规则。关于效应编码方式相对于虚拟编码方式的优势，它们对离散选择实验数据分析的不同影响，我们将在后续部分讨论。

离散选择实验的数据实际上记录了很多受访者对一系列环境品选项进行两两比较的选择结果。在下面的叙述中，为了使问题简化，我们假设所有受访者同质。对于受访者在环境品价值评估中异质性问题的处理，请读者参考条件价值评估中相关计量方法的介绍。经济学家认为，受访者对环境品的取舍取决于他们从消费不同环境品中获得的效用，也就是说，他们会选择给自己带来更高效用的环境品选项。如果用线性方式拟合效用，即可以将受访者 s 从第 i 个环境品选项中获得的效用 V_{is} 写为如下形式：

$$V_{is}(C,q;\varepsilon)=V_i(C,q)+\varepsilon_{is}$$

$$V_i(C,q)=\alpha_i+\beta C_i+\sum_{j=1}^{K}\gamma_j q_i^j + \sum_{\forall k\neq j}\sum_{j=1}^{K}\delta_{kj}q_i^j q_i^k \tag{4-8}$$

这是典型的随机效用模型。在公式（4-8）中，受访者的效用被拆解为 $V_i(C,q)$ 和 ε_{is} 两部分。其中，$V_i(C,q)$ 表示由环境品品质本身决定的效用；ε_{is} 表示受访者 s 从第 i 个环境品选项中获得的随机效用。随机效用 ε_{is} 的存在会扰动个体对环境品选项的偏好排序，因而我们才会观察到不同的受访者在面对相同的环境品选项时会做出不同的选择。ε_{is} 被称为随机效用，仅仅是因为研究人员无法直接观测到这一部分效用，但它对于做出决策的个体而言是明确的。效用中的非随机部分 $V_i(C,q)$ 则取决于消费该环境品选项时所需付出的货币等值 C_i（如社区公园门票价格，到海滩游玩的旅行成本等），以及该环境品选项在各个属性特征 q_i^j 上的表现。我们同时考虑了各属性特征对效用的独立贡献 $\gamma_j q_i^j$，以及各属性特征的交互作用 $\delta_{kj} q_i^j q_i^k$ 对效用的贡献。这是因为，在现实中，环境品的诸多属性对于个体效用的影响交互关联，它们存在互补或替代的关系，比如，在休闲步道设施更完善的社区公园中，游玩者对绿地覆盖的效用评价更高。公式（4-8）中的交互项可以用来刻画上述互补或替代关系。同时，公式（4-8）中还包含了各环境品选项的固定特征（alternative specific constant）α_i，用以刻画一个环境品选项独立于其可观测特征之外的属性对效用的贡献。

在随机效用模型框架下，我们可以采用最大似然估计方法一致地估计公式（4-8）中的模型参数，从而评估人们对环境品质量变化或环境品某一属性变化的支付意愿。具体而言，如果受访者在某一两两选择问题中选择了选项 A，这说明他从选项 A 中获得的效用大于或等于从选项 B 中获得的效用，也大于或等于从退出选项中获得的效用，即：$V_{As} \geqslant V_{Bs}$ 且 $V_{As} \geqslant V_{0s}$，其中 0 代表退出选项。也就是说，在给定选择集 Ω 时，受访者选择选项 A 的概率为 $P(A|\Omega) = P(V_A - V_B \geqslant \varepsilon_{Bs} - \varepsilon_{As} \cap V_A - V_0 \geqslant \varepsilon_{0s} - \varepsilon_{As})$，其中，$V_0$ 为退出选项给受访者带来的固定效用，即为 α_0。如果假设随机效用 ε_{is} 服从一定分布，研究人员就可以在观测到选择集 Ω 的条件下，将上述概率写成各环境品特征表现程度及公式（4-8）中各参数的函数。再结合受访者的选择结果，用最大似然估计方法拟合最大概率出现上述观测结果时各参数的最优取值，并由此估计出公式（4-8）中效用函数 $V_i(C, q)$ 的具体形式。

在获得 $V_i(C, q)$ 的具体形式后，我们可以由此估计潜在总体对环境品质量变化或环境品某一属性变化的平均支付意愿。具体来说，$-\dfrac{\partial V(\bullet)}{\partial C} = -\beta$ 代表了货币等值变化一单位时，效用的边际变化程度，即货币的边际效用。类似地，$\dfrac{\partial V(\bullet)}{\partial q^k} = \gamma^k + \sum_{j=1}^{K} \delta_{kj} q_i^j$ 代表了环境品的第 k 个属性的表现变化一单位时，效用的边际变化程度。那么，人们对这一单位环境品属性变化的支付意愿即为 $-\dfrac{\gamma^k + \sum_{j=1}^{K} \delta_{kj} q_i^j}{\beta}$。如果环境品的多个属性同时变动，人们对这一总体的环境品质量变化的支付意愿可以用 $\dfrac{\sum_{j=1}^{K} \gamma^k q_i^j (q_1^k - q_0^k)}{\beta}$ 来衡量。

下面，我们仅用一个极度简化的例子介绍如何在实践中使用离散选择实验法评估环境品的价值，该例子改编自 Phaneuf 及其合作者发表于 2013 年的一项研究。这一研究关注人们对湖水水质改善的支付意愿，面向 810 位受访者开展了离散选择实验。在实验中，研究人员仅用一个综合指标 X 衡量湖水水质，其从优到差可分为

A、B、C、D、E 五个等级。每位受访者到达湖区游玩的旅行时间又被随机地设置为 20、40、60、120 分钟四种可能。根据第 3 章旅行成本法中介绍的原则，研究人员将旅行时间转化为货币等价，并以此度量受访者至湖区游玩的成本。随后，研究人员通过随机因子设计和随机选择方案设计，为 810 位受访者随机生成了离散选择实验问卷，每份问卷包含 6 个两两选择问题，且每个两两选择问题后都附了退出选项。在通过实验获得调查数据后，研究人员采用以下效用函数形式拟合个体至湖区游玩的效用：

$$V_{sit} = \beta \text{price}_{sit} + \sum_{k=A}^{E} \gamma_k X_{sit}^k + \varepsilon_{sit}$$

$$V_{s0t} = \varepsilon_{s0t}$$

其中，V_{sit} 表示个体 s 在第 t 个两两选择问题中选择了选项 i 时所获得的效用（ $i=1,2$ ）；V_{s0t} 表示个体 s 在第 t 个两两选择问题中选择退出选项时所获得的效用；price_{sit} 则表示在第 t 个两两选择问题中个体 s 至选项 i 的湖区游玩时所需花费的旅行成本；X_{sit}^k 则包含了一系列度量湖区环境质量的效应变量。基于以上效用方程（utility function）形式估计得到的效用函数为

$$V_{sit} = -0.016 \text{price}_{sit} + 2.56 X_{sit}^A + 1.93 X_{sit}^B + 0.98 X_{sit}^C + 0.17 X_{sit}^D - 0.11 X_{sit}^E + \varepsilon_{sit}$$

从这一估计结果可以看出，X_{sit}^A 至 X_{sit}^D 的系数都为正值，因此相较于退出选项，到 A 类至 D 类湖区游玩都能改善个体福利，而到 E 类湖区游玩则会损害个体福利。而且，$\gamma_A > \gamma_B > \gamma_C > \gamma_D > \gamma_E$，那么在给定旅行成本的前提下，到更高质量的湖区游玩会带来更大程度的效用提升，这也与我们的常识相符。根据上文介绍的环境质量改善的货币价值评估方案，当湖区质量从等级 k 提升至等级 j 时，个体对这一提升的支付意愿为 $-\dfrac{\gamma_j - \gamma_k}{\beta}$。因此，我们可以计算得到就每次湖区旅行而言，在潜在总体人群中，人们对湖区质量等级提升的平均支付意愿如下。

等级 E 至等级 D 的提升：\$18.38。

等级 D 至等级 C 的提升：\$52.05。

等级 C 至等级 B 的提升：\$61.55。

等级 B 至等级 A 的提升：\$40.16。

最后，让我们在随机效用模型的框架里说明，为什么离散选择实验中，研究人员更偏好采用效应编码方式，而避免采用虚拟编码方式。仍以前文社区公园休闲步道的舒适程度为例。在这两种编码方式下，研究人员均需要设置两个虚拟变量，即 comfort1 和 comfort2，来描述休闲步道的三个舒适程度等级，但这两个变量的设置方式不尽相同，其对比差异如表 4-7 所示。为说明问题，我们进一步简化假设，使环境品消费的非随机效用 V_i 仅由休闲步道的舒适程度决定，即

$V_i = \alpha_i + \beta_1 \text{comfort1}_i + \beta_2 \text{comfort2}_i$。那么，在虚拟编码方式下，游客在具有低舒适程度休闲步道的社区公园中游玩所获得的非随机效用为

$$V_i = \alpha_i + \beta_1 \text{comfort1}_i + \beta_2 \text{comfort2}_i = \alpha_i$$

游客在具有中等舒适程度休闲步道的社区公园中游玩所获得的非随机效用为

$$V_i = \alpha_i + \beta_1 \text{comfort1}_i + \beta_2 \text{comfort2}_i = \alpha_i + \beta_2$$

游客在具有高舒适程度休闲步道的社区公园中游玩所获得的非随机效用为

$$V_i = \alpha_i + \beta_1 \text{comfort1}_i + \beta_2 \text{comfort2}_i = \alpha_i + \beta_1$$

表 4-7　虚拟编码方式与效应编码方式比较

休闲步道 舒适程度	虚拟编码方式		效应编码方式	
	comfort1	comfort2	comfort1	comfort2
高	1	0	1	0
中等	0	1	0	1
低	0	0	−1	−1

这种编码方式的问题在于，如果游览每一类社区公园的效用中有一部分不由社区公园的可观测属性决定，而仅与社区公园类型相关，即前文提到的固定特征，这一效用组成将被纳入 α_i 中。此时，对于具有低舒适程度休闲步道的社区公园，我们就无法区分社区公园类型的固定特征和休闲步道环境对游览者效用的影响。也就是说，依据虚拟编码方式，我们对某一特征的缺省值对效用的影响的估计是不完善的。

如果改用效应编码方式，研究人员就可以有效解决这一问题。在这一编码方式下，游客在具有低舒适程度休闲步道的社区公园中游玩所获得的非随机效用为

$$V_i = \alpha_i + \beta_1 \text{comfort1}_i + \beta_2 \text{comfort2}_i = \alpha_i - \beta_1 - \beta_2$$

游客在具有中等舒适程度休闲步道的社区公园中游玩所获得的非随机效用为

$$V_i = \alpha_i + \beta_1 \text{comfort1}_i + \beta_2 \text{comfort2}_i = \alpha_i + \beta_2$$

游客在具有高舒适程度休闲步道的社区公园中游玩所获得的非随机效用为

$$V_i = \alpha_i + \beta_1 \text{comfort1}_i + \beta_2 \text{comfort2}_i = \alpha_i + \beta_1$$

在这样的编码方式下，我们通过估计 α_i、β_1、β_2 等参数，可以有效分离低舒适程度的休闲步道对个体效用的影响（$-\beta_1 - \beta_2$）和这一类型的社区公园对个体效用的固定影响（α_i）。

通过上文介绍，我们不难发现，离散选择实验法在本质上和条件价值评估法非常类似。二者都是通过构建假想市场，让受访者在虚拟环境中表达对环境品的偏好。二者的区别主要在于偏好表达方式的差异：在条件价值评估法中，受访者被要求对单一环境品的支付意愿进行判断，这种判断的表达方式可以是在开放式问题中直接

表述支付意愿的具体数额，可以是在支付卡选项中选择最接近自己支付意愿水平的金额，也可以是就给定支付金额进行是或否的表态；在离散选择实验法中，受访者被要求在多个具有不同特征的环境品之间进行取舍，来表达他们对环境品偏好的排序。因此，有学者认为，应该将离散选择实验法归结为条件价值评估法的一个特殊分支，而不应该将其视为与条件价值评估法对等的另一类价值评估方法。本书作者支持这一观点，但也同时认为，就实操意义而言，离散选择实验法相比于条件价值评估法具有以下两个显著优点：①离散选择实验法不仅可以测算受访者对环境品的支付意愿，还可以测算受访者对环境品多维度属性的支付意愿；②离散选择实验法可以清晰识别环境品中不同属性的替代效应，为政策制定者提供更详细的环境品补偿方案。就多维度属性的价值评估这一点而言，离散选择实验法事实上也借鉴了特征价格法的思路，透过具体特征估计环境品的价值。很多离散选择实验中选取的货币等价属性都是个体至相关景点旅行的时间成本，这又使得离散选择实验数据分析中常常使用旅行成本法的相关程序和原则。

■ 4.4 基于陈述性偏好的估值方法的有效性

绝大多数基于陈述性偏好的价值估计方法，包括条件价值评估法和离散选择实验法，都需要通过调查问卷形式，使得潜在支付个体在假设环境下表述自己对环境品的支付意愿。因此，此类方法普遍面临着有效性和可靠性问题，其应用研究中的重要环节之一是评估方法的有效性。有效性针对的问题包括：评估值与真实值有何差异？研究人员在调研中评估出的环境品支付意愿是否符合经济学理论假设？受访者的陈述性偏好和揭示性偏好是否一致？受访者所陈述的环境品购买偏好是否与其真实行为一致？为了确保一项基于陈述性偏好的价值估计结论有效，研究人员通常在四个维度上检验研究的有效性：标准有效性、收敛有效性、结构有效性、内容有效性。本节将详细讨论这四个维度。

标准有效性（criterion validity）是指陈述性偏好分析的评估值与真实值一致。如前文中所述，非市场品的真实价值无法被观测，因此在检验标准有效性时，研究人员需要通过间接方法构建真实值基准（benchmark）。比如，在一项决定环境保护项目是否实施的公共投票中，民众投票决策将真实决定环境保护的程度，因而可以真实反映他们对环境品的支付意愿。那么，在这样的环境保护项目投票前，研究人员可以实施对应的陈述性偏好调查，以检验特定的基于陈述性偏好的价值评估流程是否满足标准有效性。或者，研究人员可以实施多轮次实验室行为调查，描绘出多轮次中支付意愿的分布状态。随着实验组数的增加，如果该实验设计满足标准有效性，我们应观察到支付意愿的分布呈收敛趋势。

在实践中，研究人员常常发现，受访者自述的支付意愿大于其实际支付意愿。这主要是由于在假设环境中表达支付意愿时，个体缺乏预算约束和其他实践约束，这种现象被归结为假设偏差（hypothetical bias）。解决假设偏差最常用的方法之一就是廉价交谈（cheap talk）。具体来说，研究人员可以给受访者提供一段关于假设偏差现象的陈述，请受访者考量其实际支付能力，提醒其不要高估自己的支付意愿（Cummings and Taylor，1999）。研究人员也可以在陈述偏好问题之后，追问受访者对自己的支付意愿有多大把握。比如，当受访者回答愿意支付 B 元支持环境政策时，研究人员随即追问受访者对自己的回复到底有多肯定，如"十分肯定""有可能""不太确定"等。研究发现，当把"不太确定"的回复剔除，或将它们等同为拒绝出价处理时，可以有效缓解假设偏差。另外，研究人员还可以通过因子折算（calibration factor）方式调整基于陈述性偏好的支付意愿，以纠正假设偏差。这里采用的折算因子往往是过往研究获得的自述的支付意愿和实际支付意愿的经验比例。最后，研究人员还可以通过巧妙设置实践一致性（consequentiality）实验环节，要求受访者在这一环节中实际支付与其表述的支付意愿相关的货币等价来降低假设偏差。但无论采取何种方式，在现有实验技术手段下，假设偏差仍然不可避免，研究人员需要在执行陈述性偏好法时对这一问题时刻保持警惕。

收敛有效性（convergent validity）是指针对同一环境品，通过不同评估方法获得的价值评估结果一致。在某些情境下，揭示性偏好法和陈述性偏好法可以同时用于评估某一特定环境品的非市场价值。比如，我们可以同时采用特征价格法、离散选择实验法和条件价值评估法评估人们对特定程度空气质量改善的支付意愿；可以同时采用旅行成本法和条件价值评估法评估人们对保护自然风景区的支付意愿。这时，研究人员可以通过比较不同评估方法的结论是否一致来检验收敛有效性。在过往的收敛有效性检验中，我们往往将揭示性偏好法的结论作为基准线。但近期也有研究发现，基于揭示性偏好的估计结果也存在偏差，因此不应被视为收敛有效性检验的基准线。最稳妥的做法仍然是比较两类方法的结论是否收敛为近似一致。

结构有效性（construct validity）是指评估的结论符合实验假设、符合一般经济学规律，与之前的实证研究发现一致、与预实验组和专业人员评估的结论一致等方面。比如，我们一般认为高收入水平者对环境品有更高的支付意愿；环境品作为一种正常商品（normal good），其质量改善程度越高，人们对其支付意愿应该越高。基于上述两个经济学理论，研究人员通常针对基于陈述性偏好的价值评估分别开展收入效应测试（income effect test）和范围测试（scope test）。收入效应测试针对个体对环境品的支付意愿与个体收入水平的关联关系。支付意愿的收入弹性大于 1 时，我们认为该环境品属于奢侈品范畴；支付意愿的收入弹性大于 0 小于 1 时，我们认为该环境品更接近必需品。从现有经验结论看，研究人员普遍认为环境品是存在数量限额的公共品（quantity-rationed public good），即个体对环境品存在消费上限，而仅在这一限度内，其支付意愿与个体收入水平的关联关系满足正常商品条件。范围测试针对环境品质量改变程度与支付意愿间的关联关系。如果受访者对差异明显的环境品质量变化表达了相似的支付意愿，这说明其对环境品的支付意愿是基于道德层面，而非基于经济考虑。比如，如果个体对保护 20 只海鸟的支付意愿几近等于保护 2000 只海鸟的支付意愿，那这种评估就失去了经济意义，因而也不能通过范围测试。

内容有效性（content validity）考虑基于陈述性偏好的实验设计和各环节实施的合理性，这包括问卷设计是否合理、调查实施过程是否合理、数据分析程序是否合理等。如前文所述，导致内容有效性缺陷的主要原因有四个：①问卷设计缺陷导致的假设偏差；②问卷设计中出现了不恰当的锚定效应；③对环境品的描述中出现了错误信息或不合理的假设；④问卷的不当设计引发了受访者的抵触情绪。为了确保内容有效性，研究人员应当对问卷设计和实验设计再三考量，不断追问问卷设计是否满足激励相容原则，问卷是否具有假设和实践的连贯性，问卷设计如何防止受访者的策略性应答，什么样的数据分析方法可以减小估计误差，等等。

■ 4.5 案例讨论：北美传粉昆虫种群的生态价值评估

过去二十年来，北美地区的传粉昆虫种群规模急剧萎缩。其中一种北美原生的野生传粉昆虫——北美孤蜂数量下降了 87%，该蜂种也因而被列入濒危保护物种名单。人们熟知的养殖传粉昆虫——蜜蜂并非北美本地物种，也同样面临着种群数量急剧下降的问题。传粉是自然生态系统和人类农业生产中的重要环节，这些传粉昆虫的种群萎缩会造成巨大的生态和经济损失。举例来说，美国加利福尼亚州是全世界著名的杏仁产区，杏仁的生产高度依赖于昆虫传粉，该产业每年大约需要使用 150 万个蜂巢，约占美国商业蜂巢服务总量的一半。

因此，政府、业界和公众对传粉昆虫数量下降的问题十分关注。就政府部门而言，美国农业部于 2008 年在土地休耕保育项目（Conservation Reserve Program，CRP）框架下启动了传粉昆虫栖息地倡议计划（Pollinator Habitat Initiative，CP-42），通过经济手段补偿那些将休耕土地转作为传粉昆虫栖息地的农场主。在奥巴马执政期间，美国环境保护署和农业部共同发布了有关保护传粉昆虫的国家战略报告，并提出了三个生态目标：降低蜜蜂死亡率、增加北美帝王蝶数量、增加传粉昆虫的栖息地面积。一些环保组织，如西恩学会（Xerces Society）和国家（美国）野生动物联盟（National Wildlife Federation），也在北美地区启动了保护传粉昆虫的公共项目。

但这些政策或项目的共同问题是，他们混同对待野生传粉昆虫和养殖蜜蜂。首先，野生传粉昆虫和养殖蜜蜂之间存在生存竞争关系。两类传粉昆虫相互竞争传粉受体，而且养殖蜜蜂会传播昆虫疾病给野生传粉昆虫。因此，养殖蜜蜂大量繁殖可能会导致野生传粉昆虫数量下降。实践中，保护野生传粉昆虫和保护养殖蜜蜂是两种截然不同，甚至有时会发生对立冲突的策略。其次，养殖蜜蜂更类似家畜，应被视为私有品，通过市场手段调节其种群规模。野生传粉昆虫既可以对农作物传粉，也可以对非农作物传粉，甚至对那些养殖蜜蜂不传粉的植物进行传粉，因此野生传粉昆虫具备了更多的公共品属性，应该通过公共政策进行保护。因而，将这两类不同物种混淆在一起的保护项目也会使人们混淆对这两类物种的认知，更无法很好地区分对其保护的支付意愿。当我们需要基于公共福祉考虑，利用公共项目保护北美孤蜂物种时，我们首先需要厘清社会总体人群对这一保护的支付意愿。基于这样的考虑，Penn 等于 2019 年采用条件价值评估法，估计了美国路易斯安那州蜜蜂养殖户和社会公众对保护北美孤蜂的支付意愿。

Penn 等的条件价值评估的核心步骤如下。

步骤 1：构建假设市场。该研究中的主要环境品为濒危的北美孤蜂种群；变化属性为该种群规模；研究设定的保护该物种的政策手段是通过建造"蜂屋"改善其生存环境，从而保持或增加该种群的数量；政策支付手段是让家庭决策是否愿意私人花费一笔固定成本建造人造"蜂屋"。研究的样本人群为美国路易斯安那州巴吞鲁日市和萨尔弗市的养蜂人和一般公众。选择这两类人群进行调查主要是为了明晰不同职业背景的人群对该濒危物种保护的支付意愿。

步骤 2：设计条件价值评估问题。研究人员采用二分问答作为支付意愿的表达形式，具体表述如下："在北美地区大约 30% 的野生本土传粉蜂是孤蜂，而这些野生传粉昆虫所需要的蜂巢与我们所熟知的养殖蜜蜂蜂巢不同。一种保护孤蜂的措施是为其安装一个永久的栖息蜂巢，即'蜂屋'。这种栖息装置与鸟屋大小相似，可以安置在庭院或者露台。请问您是否愿意花费×美元购买并安装这样一个'蜂屋'？"对于×的选取，受访者将随机看到以下三个价格：10 美元、20 美元、30 美元。

步骤 3：辅助问题。该研究的辅助问题由两部分组成。第一部分主要针对受访者对养殖蜜蜂的态度展开。对于养蜂人，第一部分辅助问题调查了他们在蜜蜂养殖过程中的一些情况，以及他们对养殖蜜蜂种群健康程度的评估。对于一般公众，第一部分辅助问题调查了他们购买蜂蜜的意愿和习惯。第二部分面对所有受访人调查了他们对北美孤蜂物种和养殖蜜蜂物种的背景知识和态度，以及他们是否能够分辨出二者之间的差别。

步骤 4：预试验和问卷实施。研究人员分别针对两组不同的受访人群展开调查。

养蜂人调查：研究人员对养蜂人群体先后展开了两次面对面调查。第一次调查在 2018 年 10 月 27 日秋收时实施，主要依托位于巴吞鲁日市的美国农业部农业研究服务中心实验室开展。第二次调查于同年 12 月 7 日实施，在萨尔弗市举办的美国蜜蜂养殖展会上展开。两次调查地点相距 140 英里[①]。在实施调查时，研究人员告知受访人问卷实施的主要目的是调查蜜蜂养殖管理的情况，以及对瓦螨属（*Varroa*）害虫管理的一些意见，并表示可以给受访人免费提供检测瓦螨属害虫的随身装备。

一般公众调查：为了与养蜂人的调查保持一致，研究人员于 2018 年夏季在巴吞鲁日市的公共区域通过街头随机拦访形式进行调查。研究人员向每位受访人赠送约半斤瓶装蜂蜜作为调查奖励。为了保证问卷回答质量，研究人员在问答中加入了检测受访人注意力的问题。研究人员在之后的分析中剔除了那些无法正确回答检测问题的样本。研究人员在研究论文中特意指出，街头随机拦访的做法和蜂蜜赠送环节都可能造成一定的样本选择偏误。

步骤 5：提高有效性的事前措施。在本书 4.4 节的介绍中，我们指出假设偏差会严重影响条件价值评估结果的可靠性。该文中，研究者采取了如下措施，试图克服潜在的假设偏差。

（1）背景培训：为了最大限度减小受访者信息和背景知识不同而导致的评价差异，所有的受访者都会在问答前接受关于养殖蜜蜂和野生传粉昆虫的相关知识培训。研究人员在预调查环节对培训内容进行了规范设计，以保证有效信息传递。这一培训包括表 4-8 中的三个核心内容。

表 4-8　培训核心内容

a）据统计，每年需要经过养殖蜜蜂传粉实现授粉的农作物价值约计 150 亿美元，这对美国农业十分重要，但是这些养殖蜜蜂并非北美本地的自然物种
b）野生传粉昆虫对北美的农作物授粉也至关重要
c）美国农业部的研究显示，近几年来美国的养殖蜜蜂和野生传粉昆虫的数量均有显著下降

（2）廉价交谈：在提出条件价值评估问题前，作者采用廉价交谈方法提醒受访人在答题时要设想自己在进行真实的购买决策，并告知其以往调查发现，受访人忽略预算约束，会倾向于高估自己的支付意愿。

（3）政策效用的确信度：陈述性偏好法的一个非常重要的原则是，受访人必须关注选择后果，并且相信他的选择能够真实地影响环境保护结果。为此，在完成条

---

① 1 英里 = 1.609344 千米。

件价值评估问题后，研究人员调查了受访者对安装"蜂屋"能够保护北美孤蜂种群的确信度，并将那些完全不相信通过私人安装"蜂屋"能够保护北美孤蜂种群的回答从样本中剔除。最终在样本中保留了 403 份通过政策效用确信度检验的样本，其中 138 份来自养蜂人群体，265 份来自一般公众。

（4）确定性追问：当受访者在条件价值评估问题中回答愿意购置"蜂屋"后，研究人员继续追问受访者对这个购置决策的确定性，如"您'非常确定'会购置蜂屋吗？还是您'可能'会购置蜂屋？"。之后，研究人员在数据分析的稳健性检验中把"可能会"归类为"不会购置"，以此来剔除这种较弱的购买倾向所可能导致的潜在估值偏差。

步骤 6：支付意愿评估。研究人员采用 Logit 模型分析通过问卷获得的二分问答形式的数据，以此估计受访者对保护北美孤蜂种群的支付意愿。在这一 Logit 模型中，研究人员如此设计肯定答复的概率：

$$\text{Prob}_j[\text{yes}=1] = \frac{1}{1+\exp(-\alpha z_j + \beta B_j)}$$

其中，B_j 表示"蜂屋"购置成本；z 向量表示受访者特征；α 和 β 表示模型的待估参数。在获得 α 和 β 的估计 $\hat{\alpha}$ 和 $\hat{\beta}$ 后，研究人员基于"蜂屋"购置成本和受访者特征变量的中位数计算出支付意愿的中位数为

$$\text{WTP} = -\frac{\hat{\alpha}}{\hat{\beta}}\bar{z}$$

从理论层面上看，利用 Logit 模型估计得到的支付意愿可以为任意值，当然也可以包括负值。为了规避这种可能的与现实违背的结果，研究人员同时使用了 Truncated Logit 作为稳健性检验。相应的支付意愿值可以表达为

$$\text{Truncated WTP} = -\ln\left(\frac{1+\exp(\hat{\alpha}\bar{z})}{\hat{\beta}}\right)$$

步骤 7：结论分析。该研究发现，大约 2/3 的一般公众和 94.2% 的养蜂人可以正确鉴别蜜蜂，但是大约有 14.5% 的养蜂人和 35% 的一般公众无法明确区分养殖蜜蜂和野生传粉昆虫。这与研究人员的初始印象相吻合。此外，约 2/3 的受访人认为传粉昆虫（包括蜜蜂与野生传粉昆虫）数量下降是由人类活动导致的，这些活动主要涉及破坏传粉昆虫的自然栖息地和广泛使用杀虫剂。研究还发现，养蜂人和一般公众都认为蜜蜂对农业生产和环境十分重要，但并不认同应将蜜蜂视为与家畜同等的非野生生物，即认为养殖蜜蜂不是私有品，而是公共品。

如表 4-9 所示，Logit 结果表明，受访人对建造"蜂屋"的平均支付意愿为 42.49 美元，其中，养蜂人的平均支付意愿为 58.85 美元，一般公众的平均支付意愿为 31.94 美元。但研究人员也发现，当根据"确定性追问"结果调整样本后，两类受访者的支付意愿近乎为零。进行"确定性追问"的主要目的在于规避以下情形，即受访者

在假设环境里对自己的支付意愿作答时，并不能完全信服假设支付环境的设置，因此对其所表述的支付意愿存在保留情绪或不确定性。这就会造成我们在 4.4 节中所述的假设偏差。在该研究中，研究人员发现采用全部样本和采用剔除掉"不确定者"的调整样本，对支付意愿进行估计的结果存在显著差异，这就证实了该研究中存在假设偏差。为了规避假设偏差对估值结论的影响，案例文章作者建议读者采信以下结论，即路易斯安那州居民对北美孤蜂种群保护的支付意愿近乎为零。

表 4-9　对北美孤蜂种群保护的支付意愿估计结果

	全部样本	调整样本
Logit 模型		
平均支付意愿/美元	42.49	7.01
养蜂人平均支付意愿/美元	58.85	11.59
一般公众平均支付意愿/美元	31.94	−1.11
两组受访者支付意愿差异检验 P-value	0.066	0.622
Truncated Logit 模型		
平均支付意愿/美元	45.99	20.75
养蜂人平均支付意愿/美元	60.65	23.47
一般公众平均支付意愿/美元	37.22	16.44
两组受访者支付意愿差异检验 P-value	0.067	0.654

　　北美地区的野生传粉昆虫数量下降引起了社会公众的广泛关注。养殖蜜蜂是野生传粉昆虫中的重要物种，它对野生传粉昆虫的保护起到了正反两个方面的重要作用。一方面，蜜蜂种群数量下降可以有效吸引公众对野生传粉昆虫数量下降这一问题的关注，加强保护传粉昆虫的社会努力。另一方面，养殖蜜蜂与野生传粉昆虫又存在着生物竞争关系。案例文章始终强调，保护蜜蜂种群至关重要，但野生传粉昆虫的种群规模萎缩需要得到更多关注，保护养殖蜜蜂并不应等价于保护野生传粉昆虫。

　　进一步地，人们对种群数量下降的熟知物种往往都有积极的保护意愿，但对不熟悉的濒危物种的保护态度又十分模糊。该研究所选取的濒危物种北美孤蜂十分特殊，与大熊猫、海豚、鲸鱼、帝王蝶等不同，它不具备任何观赏价值，受访人群也不可能在现实中观赏这一物种，因此其价值完全来源于不可消费的非使用价值，研究所衡量的支付意愿更贴近人们对纯粹的物种多样性保护的支付意愿。研究结论显示，如果我们严格界定支付意愿，严格地排除可能的假设偏差，公众对保护物种多样性的真实支付意愿几近为零。由研究结论可知，对于保护濒危物种、维护生态多样性，公众可能并不会采取如他们所声称的保护行动。政府和公共机构应该通过加强环境教育逐步改变人们的支付意愿，也应该通过政府行为和公共政策去保护濒危物种和生态多样性，而不能依赖民众的自发性保护行动。

　　本研究的估值对象是一个经典的、无法使用揭示性偏好法分析的标的。我们自然无法找到关于该物种的市场交易（即便是黑市），也无法找到任何与北美孤蜂栖息地相关的房产交易，或是任何以北美孤蜂为观赏对象的风景名胜区。因此，无论是直接的市场标价法，还是特征价格法，或是旅行成本法，都不能用于测算北美孤蜂物种的生态价值，因而陈述性偏好法几乎成为我们唯一的选择。

▌4.6　小结

　　本章主要介绍了陈述性偏好法的原理，讨论了常用的两种评估形式：条件价值评估法和离散选择实验法。条件价值评估法通过直接调查受访者对环境品改善的支付意愿来评估环境品的价值；离散选择实验法则通过观察受访者在由不同属性组合成的环境品间的选择推断其支付意愿。尽管这两种方法在实施细节上有诸多不同，但本质上都是基于受访者的个体陈述估计价值。

　　目前，大量的研究关注如何减小陈述性偏好法的误差。为此，研究人员建议对基于陈述性偏好法的估值结果实施标准有效性检验、收敛有效性检验、结构有效性检验，以及内容有效性检验。已有的研究结论给未来的陈述性偏好法研究提供了大量的经验储备和知识参考，研究人员也相应总结了实施陈述性偏好法的最佳实践准则。

本章参考文献

Arrow K，Solow R，Portney P R，et al. 1993. Report of the NOAA panel on contingent valuation. Federal Register，58（10）：4601-4614.

Bishop R C，Heberlein T A. 1979. Measuring values of extramarket goods：are indirect measures biased？American Journal of Agricultural Economics，61（5）：926-930.

Cameron T A，James J R. 1987. Efficient estimation methods for "closed-ended" contingent valuation surveys. The Review of Economics and Statistics，69（2）：269-276.

Cameron T A，Quiggin J. 1994. Estimation using contingent valuation data from a "dichotomous choice with follow-up" questionnaire. Journal of Environmental Economics and Management，27（3）：218-234.

Ciriacy-Wantrup S V. 1947. Capital returns from soil-conservation practices. Journal of Farm Economics，29（4）：1181-1196.

Cummings R G，Taylor L O. 1999. Unbiased value estimates for environmental goods：a cheap talk design for the contingent valuation method. The American Economic Review，89（3）：649-665.

Davis R K. 1963. The value of outdoor recreation：an economic study of the Maine woods. Cambridge：Harvard University.

Diamond P A，Hausman J A. 1994. Contingent valuation：is some number better than no number？Journal of Economic Perspectives，8（4）：45-64.

Groves R M，Fowler Jr F J，Couper M P，et al. 2009. Survey Methodology. 2nd edn. Hoboken：John Wiley & Sons，Inc.

Haab T C, McConnell K E. 2002. Valuing Environmental and Natural Resources: The Econometrics of Non-market Valuation. Cheltenham: Edward Elgar Publishing.

Hanemann W M. 1984. Welfare evaluations in contingent valuation experiments with discrete responses. American Journal of Agricultural Economics, 66 (3): 332-341.

Hausman J. 2012. Contingent valuation: from dubious to hopeless. Journal of Economic Perspectives, 26 (4): 43-56.

Johnston R J, Boyle K J, Adamowicz W (Vic), et al. 2017. Contemporary guidance for stated preference studies. Journal of the Association of Environmental and Resource Economists, 4 (2): 319-405.

Louviere J J, Hensher, D A. 1982. On the design and analysis of simulated choice or allocation experiments in travel choice modelling. Transportation Research Record, 890 (1): 11-17.

Mitchell R C, Carson R T. 2013. Using Surveys to Value Public Goods: The Contingent Valuation Method. Washington, D. C.: Resource for the Future.

Penn J, Hu W. Penn H J. 2019. Support for solitary bee conservation among the public versus beekeepers. American Journal of Agricultural Economics, 101 (5): 1386-1400.

Phaneuf D J, von Haefen R H, Mansfield C, et al. 2013. Measuring nutrient reduction benefits for policy analysis using linked non-market valuation and environmental assessment models: final report on stated preference surveys. Washington, D.C.: U.S. EPA Project Report.

Portney P R. 1994. The contingent valuation debate: why economists should care. Journal of Economic Perspectives, 8 (4): 3-17.

Smith V K. 1993. Nonmarket valuation of environmental resources: an interpretive appraisal. Land Economics, 69 (1): 1-26.

Stock J H, Watson M W. 2019. Introduction to Econometrics. 4th edn. New York: Pearson.

U.S. EPA. 1986. Experimental Methods for Assessing Environmental Benefits: Volumes I-V, (1985-1986).

第 5 章

成本-收益分析

■ 5.1 成本-收益分析的理论基础

由于环境品存在显著的外部性特征，市场机制在调节环境品的供给和分配中往往处于失灵的状态，因而世界各国大多基于政府主导的环境保护项目和环境政策（以下简称环保政策）展开环境保护，以确保环境品的有效供给。然而，由政府主导制定的环保政策往往会成为争议的焦点，不同的利益相关者对环保政策会持截然不同的看法。比如，工业企业对环保政策往往持消极的态度，因为严格的环境管制会限制这些企业的利润空间。污染严重或生态退化地区的民众往往是环保政策的支持者。那么，面临这种普遍存在的争议，政府是否应该制定并执行一项环保政策呢？或者说，政府应该遵循什么样的依据制定环保政策呢？该政策实施后会对社会福利产生什么样的影响呢？这些都是环境经济学和福利经济学最核心的研究问题。

一直以来，环境经济学家推崇采用标准化评价工具对多种潜在的环保政策方案进行全面的分析和评价，采用统一的标准比较这些不同的环保政策方案，并按照事先制定的标准选取最优的方案。标准化评价工具的好处是，它能够提供一个信息透明的评价流程，在既定的环境状况、社会情境、政治体制和行政框架下给出始终一致的决策建议。而且，当政策制定者以适当的经济学理论为基础设计这些标准化评价工具时，根据这些标准化流程制定的环保政策还可以兼顾效率与公平原则。

在本章，我们将详细介绍并讨论一种政策制定中最经常用的标准化评价工具，即成本-收益分析（cost-benefit analysis）方法。成本-收益分析方法是目前最具实践价值，最为决策者接受，且应用最为广泛的经济决策分析方法之一。它的核心思想源于经济学中的功利主义价值观，这一价值观有时也被称为效用主义。因为在功利主义价值观的体系中，价值最终来源于人类的主观效用评价。因而，在成本-收益分析中，评价一项环保政策优劣的基本标准就是实施该政策是否能够提高社会的总体效用水平，或者说，它能够在多高水平上提高社会的总体效用水平。

那么，该如何评价社会总体效用水平的提升呢？经济学家常常引用福利经济学中的帕累托改进（Pareto improvement）原则来回答这一问题。它的衡量标准是，在不损害任何人的效用的前提下，是否可以至少增加社会中一个人的效用。如果这样的改进可以实现，它就被称为帕累托改进。帕累托改进是一种非常严格的社会福利改善原则，因为它要求在不损害所有人的效用的前提下实现社会总体的福利改善。在现实中，很难找到一种政策设计方案可以确保任何人的效用都不受损失，因此帕累托改进在大多数情况下都无法实现。也就是说，如果我们依据帕累托改进原则进行政策评价，则可能任何环保政策都无法通过审核，任何环保政策都无法得到实施。

作为一种更具有实践意义的社会总体效用评价方案，Nicholas Kaldor 和 John Hicks 在 20 世纪 30 年代提出了著名的卡尔多-希克斯改进（Kaldor-Hicks improvement），这也常常被称为潜在帕累托改进。他们最重要的贡献是引入了"潜在"的概念。潜在帕累托改进原则上衡量的是政策的获益方（winner）所获得的效用增进是否足以弥补政策的受损方（loser）的效用损失。如果一项政策的实施导致社会中部分成员的效用增加，而另一部分成员的效用减少，只要效用获益方所获得的效用提升大于效用受损方的效用损失，根据潜在帕累托改进原则，这一政策就在总体上增进了社会福利。

现在，我们以一个简单的例子来说明帕累托改进和潜在帕累托改进的区别。假设经济体中仅存在两个个体，即 x 和 y，他们的所有产出和消费都可以转化为效用等价（utility equivalent）。在给定的资源和技术约束下，我们可以勾勒出其效用可能性边界（utility possibility frontier），如图 5-1 所示。

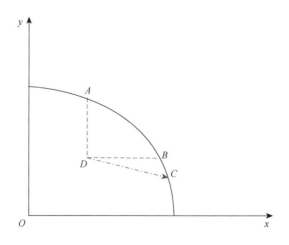

图 5-1　效用可能性边界

基于帕累托改进原则，我们无法比较 A 点与 B 点的社会福利状况，因为从 A 点移动到 B 点意味着 x 的效用水平提高，而 y 的效用水平下降。现在假设由于市场失灵或负外部性等问题，经济体处于 D 点。从 D 点到 A 点或 B 点的移动都可以带来帕累托改进，这是因为在上述转换过程中，一个人的效用水平维持不变，而另一个人的效用水平提高了。假设决策者考虑实施公共政策解决市场失灵或负外部性等问题，经济体将从 D 点移动到 C 点，社会福利增加了吗？一方面，个体 x 的效用水平上升，但个体 y 的效用水平下降，因此该政策不满足帕累托改进原则；但另一方面，C 点的社会总效用大于 D 点，如果假设个体 x 能够通过适当方式补偿个体 y 的损失，使个体 y 的福利水平回归到其在 D 点的水平，这就构成了潜在帕累托改进。更确切地说，潜在帕累托改进要求政策实施后，获益方 x 对这一福利改善的最大支付意愿大于政策受损方 y 对由于政策变化遭受的福利损失所要求的最大受偿意愿。

从上面的论述中可以看到，潜在帕累托改进的核心是提出了一个假想的效用转移和补偿过程，这也是潜在帕累托改进对帕累托改进的重要修正。但这样的效用转移仅仅是一个理想化模型的组成部分，补偿过程的实践并不构成潜在帕累托改进的必要条件。也就是说，在图 5-1 中，如果发生了从 D 点到 C 点的效用分布变化，但获益方 x 并未对受损方 y 进行任何实质性的补偿，我们依据潜在帕累托改进原则，仍然认为这样的变化提高了社会总体福利水平，或者说，该政策是经济有效的（economic efficient）。因此，我们在这里提请读者注意，依据潜在帕累托改进原则判定的社会福利改善仍然可能伴随着部分社会群体的效用受损，经济有效并不等价于分配公平。有效性和公平性是评价政策的两个各自独立的维度。基于社会公平的分配原则，政策制定者很可能通过收入再分配、政府补贴、税收减免等方式实施效用补偿，但这种补偿实践并没有被纳入我们对一项政策的经济有效性的评价维度里。

通过建立潜在帕累托改进这一概念，经济学家达成了对社会福利改善准则的共识，将成本–收益分析的发展向前推进了一步，让研究人员把研究重点放到如何更好地衡量一项政策的经济效率上。基于潜在帕累托改进原则，成本–收益分析的核心环节就是核算一项环保政策的效用净现值（net present value，NPV），即将环保政策的社会总收益和总成本货币化，在统一的货币单位下进行比较分析。如果实施一项环保政策带来的社会总收益高于总成本，则代表该政策具有潜在帕累托改进特征，也就是说该政策带来的资源再配置具有经济有效性。需要注意的是，因为潜在帕累托改进不要求获益方对受损方的补偿方案在实际中展开，因而净现值为正的项目或政策并不一定能够带来每一个个体福利的改善。因此，许多学者认为基于成本–收益分析的政策决策过程或许仅能实现社会总体效率的改进，而无法实现社会资源分配的公平。

关于成本-收益分析的另一类批判集中于其效用测度的合理性上。对获益方和受损方的效用测度是成本-收益分析中不可或缺的环节。在实践中，研究人员一般采用效用方程来衡量个体效用。在通过累积个体效用评价社会总体效用时，研究人员往往要采用两个重要假设：①不同个体间的效用是可比的；②不同个体的效用是可加和的。这两个假设的合理性在经济学理论中一直颇受质疑。在经济学中，效用一般被定义为对个体幸福感的测度。每个人的幸福感是否可以定量衡量？是否可以相互比较？是否可以以线性方程方式进行加总？这几个看似简单的问题共同构成了个体间的效用可比性（interpersonal utility comparison）难题，这一难题困扰了经济学家一个多世纪。

尽管受到诸多批判，成本-收益分析方法仍然为政策制定提供了一个标准分析工具，它可以有效呈现并比较多种政策方案的优缺点，因而成为现今最具实践价值的政策评价工具之一。关于成本-收益分析的诸多批判观点和实践应用中的诸多问题，我们将在本章的 5.3 节中详细讨论。无论如何，成本-收益分析目前已经成为政策制定和评价过程中最主要的经济学工具之一，这主要得益于它的以下几个优点。

（1）可以适用于多种社会情境。

（2）可以囊括项目或政策带来的多种影响，并在同一层面进行比较。

（3）可以应用到项目或政策评价中，帮助政策制定者有效地分配公共财政资源。

（4）可以同时考虑受政策影响的个体和群体对项目或政策的态度和意愿。

（5）可以同时考虑到环境保护的经济价值和机会成本。

5.2 实施成本-收益分析的具体步骤

成本-收益分析的核心思路是在统一的框架下对政策变化导致的所有社会福利收益和损失进行货币化比较。这些成本与收益既可能涵盖可通过市场进行交易的一般商品，其价值可以通过市场价格得以体现；也可能包括不可交易的环境品，其价值需要通过前面章节中介绍的非市场价值评估法进行定价。但无论如何，在本章的分析中，我们假设能够恰当地度量成本-收益分析中所涉及的所有市场品和非市场品的价值。本节依据 Hanley 等（2001）提出的核心框架，依次介绍实施成本-收益分析的具体步骤，以下每一节对应一个具体步骤。

5.2.1 环保政策影响范围界定

在进行成本-收益分析时，研究人员第一步应当清晰界定环保政策的边界，这包括该政策所涉及的地区范围、时间长度、惠及或影响到的人群等。举例来说，考虑城市 A 实施的私家车单双号限行政策。这一政策将缓解该市机动车行驶带来的交通拥堵和空气污染等社会问题。因此，政策的收益包括：交通状况改善后乘坐公共交通工具出行的居民的出行时间成本降低；由于行驶车辆减少，机动车尾气排放量降低，该市空气质量得到改善。然而，这项政策会影响该市机动车车主的驾驶时间和出行计划，可能会增加这一部分人群出行的时间成本。在上述分析中，我们将政策影响的人群范围界定为城市 A 的所有居民。另外，假设城市 A 的机动车保有量已达饱和，且城市道路无法在短期内扩建，而私家车单双号限行政策为一项中长期政策，政策时限为 10 年。那么，我们就应该在 10 年的时间维度里，考虑该政策引致的成本和收益。

在实践应用中，界定受影响人群、范围和时长的过程可能更为复杂。依然以城市 A 的私家车单双号限行政策为例。若城市 A 为旅游城市，那么临时外市车辆是否也要服从车尾号单双号限制？城市 A 的私家车单双号限行政策可能会导致其周边地区的车流量相对上升，则这些周边地区的居民也受到了城市 A 私家车单双号限行政策的负面影响。这时，决策者是否应该将城市 A 周边地区居民的福利纳入该政策的成本–收益分析中？此外，如果将该政策修改为长期政策，其政策时限大于 10 年，那么改善城市的交通基础设施，如道路和公交系统，同样可以改善城市 A 的交通拥堵问题，那么这种方案是否优于私家车单双号限行政策呢？如果要比较这两种不同时间维度的政策方案，研究人员就需要修改政策评估的成本–收益分析时间框架。在实践中，环保政策影响的人口、地理范围和实施时间可能非常复杂，这就要求研究人员和政策制定者谨慎设计环保政策的内容，严谨界定政策覆盖和影响的地区范围和人群，以及合理规划政策的时间范围。对于同样的项目，当上述元素发生变化时，成本–收益分析的内容也会发生很大变化。

5.2.2 识别环境项目和政策的物质影响

在界定好政策覆盖的地区范围、影响人群以及时间范围后，决策者应当识别实施该政策所可能产生的所有潜在的物质影响。任何环保政策都会在一定范围内影响资源配置。比如，在通过修建城市道路改善城市交通环境的政策下，城市主管部门需要投入劳动力、征用城市土地、占用建筑资本等，这些都应该作为成本要素被纳入政策的成本–收益分析中。又如，当决策者试图通过阶梯水价政策促使居民节约用水时，这可能会提高当地居民的水费支出，我们应当将水费支出提高导致的消费者剩余减少作为政策的成本之一纳入成本–收益分析之中。如果待评估的环保政策是以市政投资方式改善地下水水质，这一政策可能并不会影响到区域内的水价，但会带来城市所在流域内水质的整体改善。因此，该政策的收益无法通过可交易的市场价值体现出来，我们通过衡量当地居民对水质改善的支付意愿来评价这项政策的收益。此外，环保政策的间接影响也应被充分考虑。比如，地下水水质改善会在长期内提高农产品的产量和质量。那么，地下水水质改善的政策就产生了农产品增产增收的收益，这一部分间接收益也应被纳入地下水水质改善的成本-收益分析中。一般来说，成本-收益分析应当考虑环保政策对资源与环境品的数量、质量、价格的所有直接和间接影响。在这一部分，我们较为分散地提及了评价各种环保政策时，所应考虑的一些物质影响的维度，仅仅希望能够为读者提供识别环保政策的物质影响的思路。但在具体的成本-收益分析案例中，需要非常完备地识别各项物质影响。关于物质影响识别的完备性，我们将在本章 5.4 节的案例讨论中集中体现。

5.2.3 价值评估

在确定环保政策所产生的所有物质影响后，我们需要对这些物质影响进行货币化估值，这是成本-收益分析中最重要的环节。如果缺失货币化估值环节，环保政策所引致的一系列物质成本和物质收益很可能无法相互比较。因此，政策制定者也无法通过比较这些物质化的成本和收益，来获得一个明确的政策结论。在货币化物质影响的过程中，研究人员或政策制定者应尽可能地使用已有的市场信息。在估值对象没有进行市场交易的情况下（如对环境品的价值评估），研究人员则应采用前几章介绍的非市场价值评估法对相关物质影响进行定价。从原理上说，成本-收益分析所关注的货币定价应该是环保政策的边际社会成本（marginal social cost）和边际社会收益（marginal social benefit）。也就是说，政策制定者所关心的是由一项环保政策的实施所引发的额外成本和额外收益，亦即这些价值量的边际变动。

5.2.4 成本-收益的折现

在对环保政策所涉及的所有成本和收益进行市场定价后，我们还需要将所有的成本和收益汇总在一起，以形成一个统一的政策建议。然而，环保政策的实施可能需要跨多期完成，环保政策所带来的社会收益也可能惠及未来很多年。对发生在不同期的成本和收益进行加总，首先要将这些成本和收益分别进行折现并汇总。假设在政策实施的第 t 年，政策的成本为 C_t，通过非市场价值评估法测得的政策收益为 B_t。我们暂时用无风险的储蓄利率（r）作为折现因子，那么，一年后的 1 元在今天的价值即为 $\dfrac{1}{1+r}$。按照这一做法，我们可以把环保政策在各个时期的所有的成本与收益都折现为今天的价值，即现值（present value），第 t 期成本与收益的现值分别

为 $C_t(1+r)^{-t}$ 和 $B_t(1+r)^{-t}$；从政策开始到其结束的第 T 期，折现后的总成本和总收益可表达为 $\sum_{t=0}^{T} C_t(1+r)^{-t}$ 和 $\sum_{t=0}^{T} B_t(1+r)^{-t}$。

5.2.5　净现值检验

净现值检验也是评价环保政策的关键步骤。净现值是指，持续 T 期的环保政策所带来的累计折现收益（$\sum B_t(1+r)^{-t}$）减去其累计折现成本（$\sum C_t(1+r)^{-t}$），表达如下：

$$\text{NPV} = \sum_{t=0}^{T} \frac{B_t - C_t}{(1+r)^t} \qquad (5\text{-}1)$$

如果净现值为正，则代表该环保政策通过了净现值检验；若为负，则表示该环保政策未能通过净现值检验。此时，从社会福利最大化角度出发，预备用于环保政策的投资应转为储蓄或投资于其他社会项目，如改善教育和社会民生等。从原理上说，通过净现值检验的政策代表有效的资源配置改进措施，可以被视为潜在帕累托改进。除了净现值检验方法，实践中还有另外两种常用的项目评价方法，即内部收益率（internal rate of return，IRR）法和收益-成本比例（benefit-cost ratio）法。内部收益率是指当净现值为零时的折现率（r），它反映了一个资源配置项目的收益率。决策者可以通过比较一个项目的内部收益率与市场中其他投资项目的收益率，来评价该项目的投资效率。内部收益率法是在财政投资审核中常用的一种项目评价方法，但其应用往往受限于以下两个缺陷。第一，某些投资项目可能存在多个内部收益率，即当净现值为零时内部收益率的解不唯一，因此决策者无法唯一地确定内部收益率。第二，在采用内部收益率比较不同项目的投资表现时，该评价方法只关注回报比率本身，而无法反映一个项目总体净收益的大小。与内部收益率法相比，收益-成本比例法则十分简单易用，决策者只需要计算项目的收益与成本现值，并计算其比例，如果比例大于 1，则代表项目通过检验。我们将会在之后的成本-收益分析实例中具体展示该方法。

5.2.6　敏感度分析

在实践中，一些环保政策所产生的影响是不确定的。举例来说，一项致力于大气污染治理的环保政策，其收益取决于该政策能够带来多大程度的污染物浓度降低。然而，污染的形成受到温度、湿度、光照和风速等多种气候因素的影响，在不确定的气候条件下，一项大气污染治理政策的定量影响是不确定的。从成本方面来说，通过不同统计口径，采用不同方法估算的政策成本、受影响人口数量等关键变量的结果都可能存在一定程度浮动。而且，折现过程中折现率的选取也会影响净现值检验的结论。面对上述不确定性，研究人员需要在成本-收益分析中通过敏感度分析来检验不确定性对其结论的影响。敏感度分析是指在合理范围内改变核心参数的取值，以检验参数选择对净现值检验结论的影响程度。如果净现值检验的结论对部分关键参数的选取非常敏感，我们就需要审慎对待这样的结论了，因为此时净现值检验的结论可能无法稳健地体现一项环保政策的福利影响，而在很大程度上受到参数选择的影响。通常情况下，在环保政策的成本-收益分析中，我们着重检验净现值检验的结论对折现率、政策成本、资源的影子价格，以及政策时限范围这几个关键参数的敏感性。

举例来说，在评估某一地区煤炭资源开采的成本与收益时，敏感度分析一般包括下述问题：世界煤炭的价格会如何影响煤炭资源开采项目的净现值？在净现值非负的前提下，最高可以投入多少劳动力成本？资源折旧率如何影响煤炭资源开采项目的净现值？一旦发现项目净现值对某些参数的变化很敏感，研究人员可以着重预测或测量敏感度较高的参数，决策者也应更加小心谨慎地选取敏感度较高的参数。

■ 5.3　成本-收益分析中的重要问题

成本-收益分析是环保政策评估中的常用方法之一，但该方法并不完美。我们在将其应用到政策评估的实践之前，应该明晰这一方法的潜在问题，以便对具体的评估方案做出适当的设计和调整。本节将逐一说明成本-收益分析方法的潜在问题。

5.3.1　折现率的选取

如前文所述，在净现值检验和收益-成本比例法检验中，研究人员需要把环保政策的成本与收益货币化，并对这些货币化的成本和收益进行折现。在这一环节中，折现率的选取十分重要，选择不同的折现率评估环保政策的成本和收益，可能会导致我们得到全然不同的结论。请读者试想一个高度简化的例子：假设一个流域的水污染治理项目需要在初期一次性投资 100 万元，其生态收益将在未来 5 年内实现，每年货币化的生态收益为 25 万元。如果我们采用 5%的年化折现率评估这一环保项目，它的净收益现值为 8 万元，也就是说它能够提高全社会的福利水平，这一福利水平的提高等价于 8 万元，因而，这一生态治理方案应该得到执行。但是，如果我们采用 8%的年化折现率评估这一环保项目，其净收益现值为-0.2 万元。也就说，执行这一项目将导致全社会的福利水平下降，因而该项目不能通过净现值检验。由此可见，在实施成本-收益分析过程中，折现率的选取会显著影响分析的基本结论，研究人员应当极为谨慎地选取折现率。

那么，到底应该选择 5% 的年化折现率，还是 8% 的年化折现率呢？一个简单的答案是，应选择现行的基准利息率对上述各项成本和收益进行折现。但为了更深入地理解这一结论，我们需要进一步分析经济学中折现率形成的机制。下面，我们将在 Ramsey（1928）的最优增长理论框架下，讨论这一机制。

根据 5.1 节所述，成本-收益分析的基石是功利主义价值观，其核心评价准则是建立在个体及总体效用之上的，因而我们在折现未来的成本和收益时，应该采用由消费者跨期消费偏好决定的折现率，在本书中，我们将这一折现率称为消费折现率（ρ，consumption discounting rate）。消费折现率的正式定义是，在维持总体效用水平不变的前提下，交换相邻两期（t 期与 $t+1$ 期）消费，个体所要求的最低补偿比例。举例来说，假设我们要求小张在 t 期放弃 1 单位标准化商品，并在 $t+1$ 期补偿给小张 $\rho+1$ 单位的标准化商品。如果小张接受这样的补偿方案，并认为这样的消费品跨期再分配没有对其总体效用水平产生影响，此时 ρ 即为消费折现率。本质上，消费折现率取决于社会总体在即刻消费和未来消费之间的替代偏好。一般情况下，研究人员假设 $\rho>0$，这是因为在没有任何附加条件的情况下，消费具有不耐性，即消费者天然倾向于尽早实现消费，同样的消费行为如果更早发生，对消费者效用增加的贡献更大。另外，过往的经济规律显示，社会的总体财富水平在较长的时间框架内始终呈上升趋势，因而人们对未来财富的期望值也总是上升的。效用的边际递减规律决定了在更高的财富水平下同等消费的边际效用更小。那么，在社会的总体财富水平增长的趋势下，人们会更偏好即刻消费，而不是未来消费。

那么，消费折现率的具体水平是如何决定的呢？Ramsey 认为，消费折现率是在经济体达到最优增长路径时的一个内生给定的变量，它进一步由效用折现率 δ、消费增长率 g 和边际效用的消费弹性 η 三个要素共同决定。为了理解这一结论，让我们假想存在一个全知全能、永续存在的超级规划者（social planner）。这个超级规划者清楚知道每一个代际 t 的效用水平，他的目标是最大化全社会所有代际的福利总和，即

$$W_0 = \sum_{t=0}^{\infty} \frac{U(z_t)}{(1+\delta)^t} \tag{5-2}$$

在这里，我们假设所有代际的效用函数形式一致都为 $U(z)$，该效用函数满足效用递增而边际效用递减的规律，即 $U'(z_t)>0$ 且 $U''(z_t)<0$。每一个代际消费标准化商品的数额为 z_t。在公式（5-2）中首次出现了效用折现率 δ，它代表了这个超级规划者对不同代际效用的偏好，也就是说，这个超级规划者认为，当代人获得效用 $U(z)$ 和下一代人获得效用 $\frac{U(z)}{1+\delta}$ 对其总体福利的贡献是一样的。或者说，代

际 t 发生的效用 $U(z)$ 和代际 $t+1$ 发生的效用 $\dfrac{U(z)}{1+\delta}$ 在福利意义上是等价的。超级规划者是我们虚构出来的一个分析问题的视角，现实中当然不存在超级规划者，也没有一个外生的力量外在判断不同代际的效用的福利价值。现实中的效用折现率是不同代际群体通过其消费和储蓄行为共同表现出来的纯粹时间偏好。Nordhaus 等（2007）通过观察实际的消费增长率和居民储蓄行为，发现真实世界中代际间存在时间偏好，因此他们认为效用折现率 $\delta>0$，并建议在进行代际间福利分析时应当使用真实的效用折现率。另外，一些研究人员从伦理道德角度出发，认为每一代人都是平等的，每代人的效用是等同的，没有任何理由通过效用折现的方式对当代人的效用赋予更高的权重，而将未来代际的效用进行折现处理。因此，这部分研究人员坚持去除掉纯时间偏好因素，将效用折现率 δ 设为零。

　　无论效用折现率 δ 的具体取值如何，出于理论完备性的考虑，我们都将这一可能存在的代际时间偏好保留在分析框架中。根据公式（5-2），任意给定一个代际消费路径 $\{z_1,z_2,z_3,\cdots\}$，我们都可以得到一个该消费路径下的总体效用水平 W_0。消费折现率的定义是，在维持总体效用水平不变的前提下，交换相邻两期（t 期与 $t+1$ 期）消费，个体所要求的最低补偿比例。因此，在上述消费路径中，我们任意调整相邻两期的消费水平，使第 t 期的标准化商品消费额增加 Δz_t，使第 $t+1$ 期的标准化商品消费额增加 Δz_{t+1}，这样的调整能够保证总体效用水平 W_0 维持不变。事实上，为了维持 W_0 不变，如果 Δz_t 是一个正值，则 Δz_{t+1} 将是一个负值，反之亦然。这时，按照消费折现率的定义可得

$$1+\rho_t=-\Delta z_{t+1}/\Delta z_t \tag{5-3}$$

又由于上述调整将维持总体效用水平 W_0 不变，根据公式（5-2），我们还能得到：

$$U'(z_t)\Delta z_t+\frac{U'(z_{t+1})\Delta z_{t+1}}{1+\delta}=0 \tag{5-4}$$

　　在最优增长理论框架下，我们采用一个特定的效用函数形式来继续推演消费折现率的形式，该效用函数如公式（5-5）所示。

$$U(z)=\begin{cases}\dfrac{z^{1-\eta}}{1-\eta}, & \eta>0,\eta\neq1 \\[2mm] \ln(z), & \eta=1\end{cases} \tag{5-5}$$

　　可以证明，在这个特定效用函数中，边际效用的消费弹性 $-z\dfrac{U''(z)}{U'(z)}$[①]等于常数 η。边际效用的消费弹性衡量了消费额（z）对边际效用（$U''(z)$）的影响。举例来说，$\eta=2$ 表示，当消费额增加 1%时，边际效用将降低 2%。由之前的假设可知，效用随

---

① 根据弹性的定义，边际效用的消费弹性为 $-\dfrac{\Delta U'(z)/U'(z)}{\Delta z/z}$，该式等价于 $-z\dfrac{U''(z)}{U'(z)}$。

消费增加而递增，$U'(z)>0$，但边际效用递减，$U''(z)<0$，由此可以推断 $\eta>0$。边际效用的消费弹性 η 还可以被理解为社会对消费平等的偏好。试想，若 η 越大，消费的边际效用下降得越快，也就意味着消费的不平等分配导致的社会总体福利的损失越大，因此，持有这样效用函数的社会对消费公平的偏好越强烈。Dasgupta（2008）利用公式（5-5）中的效用函数，推演了不同边际效用的消费弹性如何影响财富分配和社会总体福利的关系。现在让我们考虑一个经济体中的两个个体，他们持有相同的效用函数，而且该函数符合公式（5-5），具有常数化的边际效用的消费弹性。第一个人的年消费额为 360 元，第二个人的年消费额为 36 000 元。若 $\eta=2$，对于社会总体福利而言，第二个人消费额下降 50% 所导致的损失和第一个人消费额下降 1% 所导致的损失是等价的。换句话说，第一个人收入下降 3.6 元和第二个人收入下降 18 000 元对全社会总体效用水平的损害是相等的。当 $\eta=1$ 时，第二个人的年消费额下降 18 000 元的效用损失等价于第一个人年消费额下降 180 元的效用损失。简单来说，η 越小，代表社会对消费不平等的厌恶程度越低。相反，当 $\eta=3$ 时，第一个人消费额下降 3.6 元的效用损失等价于第二个人消费额下降 33 480 元的效用损失，即消费不平等的社会厌恶程度上升了。

现在，让我们汇总公式（5-3）～公式（5-5），不难得到下述等式：

$$1+\rho_t = (1+\delta)(1+g(z_t))^{\eta} \tag{5-6}$$

其中，$g(z_t)$ 表示消费变化率，即 $1+g(z_t)=z_{t+1}/z_t$。$g(z_t)$ 衡量了相邻两期的消费变化比例。一般来说，研究人员认为消费变化率 $g(z_t)$ 等价于经济增长率。在绝大部分时间里，消费随着经济的增长而增长，消费变化率为正；但在经济衰退的周期里，消费变化率可能为零，或者为负。进一步地，我们将公式（5-6）的两侧分别取对数展开，并利用在较小数量 u 附近 $\ln(1+u)\approx u$ 的近似性质，得到如下表达：

$$\rho_t \approx \delta + \eta g(z_t) \tag{5-7}$$

公式（5-7）充分说明了效用折现率 δ、消费变化率 $g(z_t)$ 和边际效用的消费弹性 η 三个要素如何共同决定消费折现率 ρ_t。如果假设代际间的效用平等（$\delta=0$），消费折现率 ρ_t 的正负取决于消费变化率或经济增长率 $g(z_t)$。当经济体处于长期增长时期时，则 $g(z_t)>0$，我们可以推断出消费折现率 ρ_t 为正；当发生自然灾害、国家冲突、经济危机等重大历史事件时，经济可能发生衰退，即 $g(z_t)<0$，因此消费折现率也可能为负。在绝大部分经济增长的正常年份里（$g(z_t)>0$），消费折现率 ρ_t 的大小则取决于社会对消费不平等的厌恶程度，即边际效用的消费弹性 η。

请读者注意，以上所有推演都是从一组任意给定的消费路径 $\{z_1,z_2,z_3,\cdots\}$ 出发的，其所带来的社会总体效用水平 $W_0=\sum_{t=0}^{\infty}\dfrac{U(z_t)}{(1+\delta)^t}$ 也是一般性的定义。我们并没有要求消费路径及其伴随的社会总效用达到最优水平。那么，如果现在进一步加入这个社会效用最优化的限制，消费折现率又是什么样的呢？这时，我们就需要考虑经济体除消费之外的另一个方面，即投资。在每一期，经济体创造的所有财富既可以用于消费也可以用于投资。因而，决策主体在分配当期财富的用途时，就需要在消费与投资二者间做出权衡。将更多的财富用于消费可以增加当期的效用水平，但相应减少了当期投资，则会降低未来的产出，即未来的财富增长。相反地，缩减当期消费会降低当期的效用水平，但是会提高经济体未来的长期增长能力。现在，假设 K_t 为第 t 期的总资本，它既包括可再生的人力资本（reproducible human capital），也包括设施资本。资本积累服从如下规律：

$$K_{t+1} = (K_t - z_t)(1+r) \tag{5-8}$$

也就是说第 t 期的未被消费的资本 $(K_t - z_t)$ 以 r 的速率增值，形成第 $t+1$ 期的资本。其中，r 是投资的资本回报率，也称为资本折现率。我们假定 r 是外生给定的，那么前文所述的超级规划者的目标就是通过调整各个代际间的消费额（z_t）以最大化所有代际的总体效用水平（W_0），此时的消费路径 $\{z_1, z_2, z_3, \cdots\}$ 就是社会最优的消费路径。Ramsey 指出，当经济体处于最优消费路径时，消费折现率等于资本折现率，即 $\rho_t = r$。为了理解这一结论，我们试想，若 $\rho_t < r$，意味着放弃第 t 期的消费进行投资而获得的第 $t+1$ 期的额外消费增值大于第 t 期消费者愿意交换到第 $t+1$ 期的消费。这时，理性消费者就会降低当期消费额（z_t）并提高储蓄，也就是人为提高了 ρ_t，使得 ρ_t 更接近于 r。同理，若 $\rho_t > r$，那么储蓄所带来的额外消费小于第 t 期消费者愿意交换到第 $t+1$ 期的消费，理性消费者会增加当期消费并降低储蓄，人为降低 ρ_t，同样使得 ρ_t 更接近于 r。因此，经济中的理性个体通过不断调整 z_t，最终使得整个经济体收敛于最优消费路径，在这一路径上，消费折现率恰恰等于资本折现率，且不同代际的消费分配将不再变动。由此，我们可以改写公式（5-7）为

$$r = \rho_t = \delta + \eta g(z_t) \tag{5-9}$$

这是著名的 Ramsey 等式。Ramsey 等式给研究人员提供了一个讨论消费折现率取值的理论基点，即在完全确定、完全竞争和完全市场的最优消费路径下，消费折现率等于资本折现率。在现实经济中，基准利率是一致公认的衡量资本折现率的最好指标。这是因为，资本折现率是资本的回报率或收益率。假设小张获得了 100 元的报酬，他可以选择立刻消费这 100 元，也可以将报酬存入银行获得相应利息。如果小张选择将这 100 元存入银行，以期获得利息，他实际上就将这 100 元转化为了能够继续产生财富的资本。此时的利息率就相当于资本折现率。至此，我们完整说明了本节最初提出的结论，即应选择现行的基准利率对上述各项成本和收益进行折现。

现在，让我们重新总结一下成本-收益分析中折现率选取的理论逻辑。在概念上，我们应当区分资本折现率和消费折现率。消费折现率体现了消费者的效用偏好，资

本折现率则更多地体现了作为财富的资本的收益回报。成本-收益分析的基石是功利主义价值观，其核心评价准则是建立在个体及总体效用之上，而不是个体及总体的财富水平上。因此，在概念上，我们应使用消费折现率，而非资本折现率对成本-收益分析中的各项成本和收益进行折现。但是，根据经济学理论的推导，我们发现，在经济的最优消费路径上，消费折现率恰恰等于资本折现率。因而，在成本-收益分析的实践操作中，我们可以采用资本折现率的最优度量指标，即基准利率，来进行折现。

　　如果再次回顾以上对折现率选取过程的分析，我们会发现，这一分析过程可以非常一般性地适用于任何消费性项目的成本和收益分析中，而非仅仅局限于环保政策的成本-收益分析。对于评估环保政策的成本-收益而言，如果政策的时限较短，我们通常遵循上述原则，即选取资本折现率 r 衡量消费折现率 ρ_t，并以此对各项成本和收益进行折现。然而，如果环保政策为长期项目时，研究人员则需要在选取折现率时考虑不确定性和代际的公平问题。Weitzman 在 2001 年面向 48 个国家 2160 名经济学家展开了调查，其中包括 50 名精英经济学家，比如 Kenneth Arrow、William Baumol、David Card、Jerry Hausman、Paul Krugman、Robert Shiller、John Shoven、Robert Solow 等。Weitzman 向他们询问应该如何选取环境项目成本-收益分析中的折现率，结果显示，2000 多名经济学家选取的折现率的平均值为 3.96%，标准差为 2.94%；其中 50 名精英经济学家选取的折现率的平均值为 4.09%，标准差为 3.07%。调研的整体分布见图 5-2。

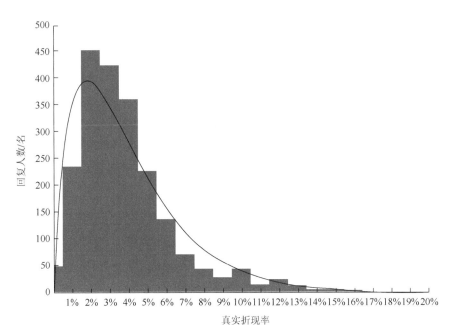

图 5-2　经济学家选取的折现率的分布情况

资料来源：Weitzman（2001）

在研究结论中，Weitzman 提出，在分析气候变化政策这种时间跨度可能极长的项目时，应当根据具体政策的时间长度来选取不同的折现率，具体建议见表 5-1。

表 5-1　不同时间长度下的推荐折现率

时间长度	折现率
1～5 年	4%
6～25 年	3%
26～75 年	2%
76～300 年	1%
300 年以上	0

在以上分析中，我们从"消费折现率"这一概念基础出发，讨论如何为环保政策的成本-收益分析选择折现率。但也有学者认为，环保政策的成本-收益分析中涉及大量环境品的价值，而一个代际中的不同人群或者不同代际的人群，他们对环境品的享用和价值判断不应受到其物质财富占有量或其对物质财富的占有偏好的影响。因此，在环保政策的成本-收益分析中，不应以"消费折现率"这一概念为基础，而应以更直接的"效用折现率"（δ）这一概念为基础选择折现率。

5.3.2　权重：效率与公平

在成本-收益分析中，我们不仅要整合不同时期产生的成本和收益，还要整合产生在不同群体中的成本和收益。那么，应该如何汇总产生在不同群体身上的成本和收益，并以此为基础比较政策选项呢？这一看似简单的加总问题背后，暗藏了社会效率和社会公平的深刻矛盾。

为了回答这一问题，让我们首先来考虑两种最基本的社会福利评价原则，即最小化原则（leximin rule）和现实主义原则（utilitarian rule）。一个例子可以较好地解释这两个原则。假设一个简单的社会仅由三个个体组成，他们分别是 x、y 和 z。现在，有两个备选的环保政策方案，即 A 和 B。若实施方案 A，个体 x 的效用将增加 10 单位，个体 y 的效用将增加 30 单位，个体 z 的效用将增加 40 单位，即政策 A 带来的社会效用增进集合为 {10, 30, 40}。类似地，若实施方案 B，其带来的社会效用增进集合为 {11, 25, 40}。如果按照最小化原则评价方案 A 和方案 B，我们会优先执行方案 B。这是因为，最小化原则优先考虑社会中效用最低的群体。它先比较通过两组政策方案获得福利增进最少的人的效用水平，并以此为基础评价两组方案。在上述例子中，实施政策方案 A 或方案 B 后，个体 x 的福利增进程度最低；相较于政策 A，个体 x 在政策方案 B 实施后，其效用增进幅度更大一些（11＞10）。因此，按照最小化原则政策 B 优于政策 A。在最小化原则下，如果两个环境政策方案执行后，效用改善程度最低的个体的效用水平没有区别，那我们应该顺次比较两组政策方案下效用增进幅度次低的人的效用水平，并以此类推。

显然，在最小化原则的评价框架下，我们汇总不同群体的福利时，赋予了效用水平较低的群体更大的权重，因而这是一种更侧重维持社会公平的社会福利评价原则。与此相对，现实主义原则并不采用上述权重倾斜的做法，而是对社会中所有群体的福利水平赋予相同的权重，并通过比较社会总体福利的变化程度来评价政策优劣。因此，在上述政策方案 A 和方案 B 选择的例子中，决策者若应用现实主义原则，则应选择 A 方案。这是因为 A 方案带来的社会福利总体改进水平（$W_A = 80$）大于 B 方案下的社会福利总体改进水平（$W_B = 76$）。

那么，决策者应当平等对待社会中的所有群体，对他们的福利赋予均等权重，还是应当偏向于社会弱势群体，对弱势群体的福利赋予更高权重呢？在实践中，研究人员和决策者更青睐现实主义原则。一方面，这是因为与最小化原则相比，现实主义原则优先考虑社会总体福利的增加，是一种潜在帕累托有效的社会福利评价原则。另一方面，现实主义原则的评价框架更适用于数学建模，方便研究人员和决策者在复杂的决策问题中进行优化求解，而最小化原则不适用于数学表达。

但是，现实主义原则完全忽略了政策影响下的社会福利分布，按照这一原则进行政策决策可能导致严重的社会公平缺失。我们应该如何在现实的政策决策过程中弥补上述缺陷，兼顾环保政策的效率和公平呢？学者提出了改进的现实主义原则。下面，我们仍以之前的政策方案 A 和方案 B 选择的例子说明这一改进原则。我们用 U_x、U_y 和 U_z 分别代表 x、y 和 z 三个个体的效用水平。那么，由这三个个体构成的社会总体福利为

$$W = U_x + U_y + U_z \qquad (5\text{-}10)$$

按照原始的现实主义原则，我们仅需要优化社会福利的总和 W，而 x、y 和 z 三个个体的效用以等权重的方式进入这个总和，也就是说，增加其中任何一个个体的效用水平对社会总体福利的贡献程度是一样的。现在，让我们进一步假设 x、y 和 z 分别代表社会中的低收入群体、中等收入群体和高收入群体。从社会公正原则出发，我们更希望一项政策的实施可以更多地惠及低收入群体。因而，在改进的优化目标中，我们应该赋予低收入群体的效用以更高权重。此时，公式（5-10）中所示的社会优化目标可以改写为如下形式：

$$W = w_x U_x + w_y U_y + w_z U_z \qquad (5\text{-}11)$$

其中，$w_i = \dfrac{Y^*}{Y_i}$，$i = x, y, z$，Y^* 表示所有人的平均工资水平，Y_i 表示群体 i 的平均工资水平。显然，在这样的设定中，$w_x > w_y > w_z$，我们通过这样的方式对低收入群体

的效用赋予了更高的权重。这就是改进后的现实主义原则，它既便于数学建模与优化，也同时照顾了社会分配公平原则。在现实的环保政策评估实践中，我们通常用一项政策方案下，各个社会群体承担的成本-收益净现值来替代公式（5-11）中的效用水平，并将优化目标改写为如下形式：

$$\text{NPV} = w_1 \text{NPV}_1 + w_2 \text{NPV}_2 + w_3 \text{NPV}_3 + \cdots + w_n \text{NPV}_n \qquad (5\text{-}12)$$

其中，NPV 表示该政策方案的总体加权净现值；NPV_n 则表示第 n 个社会群体从该政策方案中获得的成本-收益净现值。

　　显然，修正后的现实主义原则对原始现实主义原则的核心改变在于引入了效用水平赋权机制。这一改进思想得到了学者的一致认可。但是，关于如何赋权，学者又展开了富有争议的讨论。依据收入水平划分社会群体，这是社会学中通常采用的一个做法，也是我们之前论述中赋权的依据。但是，如何划定收入分组的标准呢？按照收入水平划定社会群体后，是应该依据这些群体的总体收入水平赋予权重，还是应该按照这些群体的人口规模赋予权重？另外，政策评估的终极目的是提高社会福利水平，而不是社会总收入水平。对应地，我们是否应该以边际效用为基准选择权重，而不是基于收入水平赋权呢（Adler，2016）？如果选择边际效用的函数作为权重，那么，又应该如何精确地度量边际效用呢？以上问题都是关于选择政策福利评价原则中悬而未决的争论。事实上，在缺少充足信息时，不同的权重分配方案可能都存在问题。一些人甚至认为，错误地引入赋权机制反而会产生不必要的错配问题，进一步加剧，而不是减缓社会分配不公平问题。因此，这些人主张，在信息不充足的条件下，不应当使用任何权重评价社会总体福利[1]。

5.3.3　不确定性

　　生态系统是动态且复杂的，我们因此无法非常精准地预测环保政策对生态系统的影响，也因此无法准确评价一项环保政策的各项成本和收益。如果诸多成本项和收益项都无法得到准确评估，那么，进行成本-收益分析就是毫无意义的。这是对于成本-收益分析这一评价工具的另一个重要的批判观点。

　　下面，我们以两个例子说明不确定性如何影响成本-收益分析。首先，让我们考虑一项污水减排政策。其收益之一显然是相关流域的水质改善。这一改善的程度如何呢？鉴于生态系统的复杂性，我们无法在政策实施前精确预知。为了推进成本-收益分析，研究人员需要尽可能地搜集相关信息，对上述收益给出尽可能精确

---

　　[1] 关于这一争论，学术杂志《环境经济及政策评论》（*Review of Environmental Economics and Policy*）在 2016 年第 10 卷中进行了详细的专题讨论，感兴趣的读者可以参考该卷的讨论内容。

的估计值。那么，研究人员可能面临如下三种情形：①污水减排对河流生态系统的影响完全无法界定，这时我们不能获得关于上述收益的任何有效信息；②研究人员通过科学分析获知，污水减排对河流生态系统的影响存在若干状态（s_i），但研究人员无法获知每种状态的可能发生概率；③研究人员既知道污水减排对河流生态系统影响的若干状态（s_i），也知道每种状态发生的概率。在上述三种情形中，研究人员都无法准确获知污水减排政策实施后的生态收益，但是，相较于情形①和情形②，研究人员在情形③中可以获得的信息最多，该情形也最有利于进行环保政策收益评估。此时，我们可以以每种状态（s_i）的发生概率为权重，对所有状态下的生态收益进行加权求和，这样我们就得到了该项污水减排政策下生态收益的期望值，并可以以该期望值作为生态收益的估计值进行成本-收益分析。

从上述分析中可以看出，在成本-收益分析中，我们最优的策略肯定是获取每一项相关成本和收益的准确评估值。但是，当生态系统存在不确定性，这种准确评估不可行时，我们的次优做法是先通过分析得到政策实施后生态系统可能存在的多种状态，并利用已有信息评估每种状态发生的概率，再根据上述信息计算各项成本和收益的期望值，最后，以此为依据进行成本-收益分析。

依据上述思路，我们可以进一步讨论目前最具有全球性影响的环保政策，即气候变化政策及其成本-收益分析。为了应对全球气候变化，世界多国于 1997 年共同签署了《京都议定书》，该协议设定了各参与方的减排目标。这种减排目标太过激进，还是过于保守？减排政策对各国的福利影响是什么？回答上述问题的一种方法是对各国实施的减排政策进行成本-收益分析。温室气体减排的成本包括能源转换成本、能源技术开发和采纳成本、温室气体回收成本、相关工作机会损失等。温室气体减排的收益则包括缓解气候变化所避免的生态损失、伴随的大气污染改善所避免的健康损失和人力资源损失等。

相较于温室气体减排的成本，减排的收益更多地发生在生态系统之中，因而具有更大的不确定性。而且，许多学者认为，气候变化带来的生态影响具有极强的非线性特征。因此，采用多状态下生态影响期望值评估气候变化的潜在生态影响也是不可取的。最后，气候变化的生态影响并不独立地存在于生态系统之中，它与人类的社会经济系统之间存在复杂的交互关系，这进一步加剧了准确评估气候政策的环境影响的难度。比如，Mendelsohn 和 Nordhaus（1996）的研究发现，农民会根据气候趋势选取最适宜的种植作物。在这种农民自适应行为调整的作用下，气候变化对农业生态系统产出的影响远低于不考虑这一调整机制的评估。他们甚至认为，过去几十年的持续升温反而促进了美国农业部门经济效益的增加。当然，对于 Mendelsohn 和 Nordhaus 的结论，很多学者也持反对态度（Cline，1996；Quiggin and Horowitz，1999；Darwin，1999）。

鉴于气候变化政策引致的成本和收益都具有极大的不确定性，一部分学者和政策决定者主张不应将成本-收益分析方法应用于对气候变化政策的评估。他们认为，只有当对气候问题有更多的认知，能够更准确地评估其成本和收益时，我们才能够开始这样的分析。然而，气候变化的危害极大，甚至可能给人类社会带来毁灭性的不可逆的风险。在这样的风险威胁下，气候变化政策应该立即被执行，以防止灾害的进一步恶化和扩散。那么，我们也不得不对这些需要被立即执行的政策进行评估。Peirce 等（1998）认为，正是因为气候影响具有极强的不确定性，我们才更应该采用成本-收益分析方法评估气候变化政策，因为其他决策方法可能会给人类社会带来更糟糕的后果。就成本-收益分析而言，无论如何，对气候变化政策引致的相关成本和收益的估值是存在的，研究人员可以采用敏感度分析的方法，在不同生态状态和概率假设下，反复估算温室气体减排的净收益，以此解决不确定性对成本-收益分析造成的问题。Peirce 等认为成本-收益分析的另一个好处是，它可以独立应用于各个国家，针对国家经济特征给出不同的政策建议。

5.3.4　道德与价值评估

对成本-收益分析的另一类批判来源于环境道德层面。如本章开篇处所述，成本-收益分析的核心思想源于经济学中的功利主义价值观，即依据人类效用的满足程度来评价环保政策所引致的成本和收益。如果环保主义者无法认同功利主义价值观，那么他将否定成本-收益分析的全部过程和结论。关于环境品价值的来源，读者可参考本书第 1 章的相应部分。在第 1 章，我们提及了一种与功利主义价值观截然对立的道德理念，即生物中心主义。持这一观点的人认为，环境品的价值独立于人类的评判，动物、植物和人类一样，平等地拥有生存的权利，而且这些生存的权利应该得到保护。当极端的环保主义者否定任何与环境品相关的价值置换的可行性时，他们对环境质量恶化的受偿意愿就变为无穷大。这时，如果一项环保政策的所有环境影响都是积极的，极端的环保主义者就会不计代价地支持这一政策的实施；而如果一项环保政策可能造成部分群体的生活环境质量降低时，无论如何补偿，极端的环保主义者仍会拒绝这一方案，这依然是因为他们对环境质量恶化的受偿意愿无穷大。在上述情况下，潜在帕累托改进失效，成本-收益分析将无从进行。

针对上述道德批判，环境经济学家的回应大致可以总结为以下三点。第一，正如本书1.1节"为什么要评估环境品的价值"部分所述，环境品是稀缺的，保护环境所需要投入的经济资源也同样是稀缺的。在分配这些经济资源时，我们往往面临和保护环境同等正义的其他诉求，如加强基础教育等。那么，我们应该如何评估和平衡这些诉求，以及如何判断相关政策方案的可行性呢？这需要我们在一个统一的框架下，就不同领域的政策开展成本-收益分析。第二，人类的主观价值判断仍然是评估大多数环境品价值的基础依据。尽管生物中心主义完全否定这一做法，并提出了另一种与之对立的做法，即将所有环境品的价值无限放大，但该做法在现实中无法操作，也无益于现实问题的解决。第三，支持部分人的极端的环保主义价值观可能会损害其他群体的福利。试想，在一个沼泽附近的社区中生活着一个极端的环保主义者，他出于生物中心主义的观点，认为应该不惜一切代价维持沼泽地的原始生态环境，也就是说，他对改变沼泽地的原始生态环境的受偿意愿无限大；而该社区中的其他居民都希望清理沼泽地以增加耕地面积，提高居民收入水平，显然，这部分收入的提高是可计算的有限量。如果采用 5.3.2 节的现实主义原则对全体居民的效用加总来评价潜在的沼泽地改造项目时，这一项目将无法通过成本-收益分析的净现值检验，也就无法得到实施。那么，政策制定者应该支持极端的环保主义者无限大的受偿意愿，还是支持其他大部分居民的经济福利呢？

5.3.5 成本-收益分析中的其他重要问题

1. 对环境品价值评估的有效性

环境品价值评估是实施成本-收益分析的重要部分。在本书之前的章节中，我们详述了环境品价值评估的原则、方法及困难。从之前的论述可见，在现有研究能力和数据存量的制约下，环境品价值评估的方法并不完备。因此，我们需要注意分析环境品价值评估的可靠性对成本-收益分析结论的影响。

2. 机构公正性

成本-收益分析过程涉及大量的实地调研和参数选择，主持成本-收益分析的机构在这些环节中采取的具体做法将会在很大程度上影响成本-收益分析的结论。因此，我们通常要求主持成本-收益分析的机构可以秉持客观、中立的态度，没有自我利益倾向。这些机构提交的分析报告也往往需要由第三方独立机构审查。

■ 5.4 案例讨论：美国《清洁水法案》的成本-收益分析

在本节，我们将以美国的《水资源清洁法案》（Clean Water Act）这一环保政策为例，介绍一个成本-收益分析的具体案例。该案例内容来源于 Keiser 和 Shapiro 的研究论文"Consequences of the Clean Water Act and the demand for water quality"。

1972 年，美国开始实施《水资源清洁法案》（以下简称《清洁水法案》），该政策的主要目的是修复和维护国家水资源的化学、物理与生物的生态完整性。自法案实施以来，美国政府和业界累计投资万亿美元清理水体污染物。尽管这一政策受到了社会各界的大力支持，但它却是美国环境管制政策中最富争议的法案之一。这些争议主要来自两个方面。首先，到目前为止，没有明确的科学证据证明《清洁水法案》有效缓解了水资源污染。数据显示，美国几乎半数的河流仍然没有达到该法案设定的污染物浓度标准。而且，研究人员也无法确定现今美国全流域的水质与法案实施前相比是否有所改善。其次，一些政府评估机构发现《清洁水法案》的社会总收益可能小于社会总成本，即净现值小于零，因此该政策的经济有效性深受质疑。上述对《清洁水法案》的学术讨论影响了美国的政策制定过程。2001 年和 2006 年，美国最高法院两次通过裁定，解除了《清洁水法案》对美国半数河流的管制。

鉴于《清洁水法案》的深远经济和生态影响及其引发的巨大争议，Keiser 和 Shapiro（2019）通过成本-收益分析明晰了该法案的福利影响。他们的研究采用了全美 24 万个水质监测站点自 1962 年到 2001 年的污染物浓度数据、国家水文数据、清洁水域调查数据、生产企业用水调研数据，以及 35 000 份《清洁水法案》档案数据，定量分析了过去几十年间美国水污染浓度的变化趋势，以及污染物浓度下降的成因。

水污染变化趋势：Keiser 和 Shapiro 发现，自《清洁水法案》实施的近四十年来，受该法案管制的水域的污染物浓度呈缓慢下降趋势。但是，在法案实施前后，即 1972 年前后，美国全流域的水污染浓度并没有出现结构性下降，或是平均值显著降低，因而无法证明水域污染水平的变化和《清洁水法案》之间的因果关联。此外，在同一时期，美国还实施了著名的《清洁空气法案》，以期改善全美空气质量，缓解酸雨问题。科学证据表明，水域的 pH 和雨水的 pH 呈相似变化趋势，因此美国全流域的水域污染浓度下降也有可能是受益于《清洁空气法案》，而非《清洁水法案》。

政策因果效应：为了识别水域污染水平的变化和《清洁水法案》之间的因果关系，研究人员试图寻找微观层面的证据。如果《清洁水法案》的实施是美国全流域水污染浓度下降的原因，那么，这一因果链条上最重要的环节应该是污水处理厂在得到清洁水项目资助后更有效地减少了水体污染物排放。如果上述猜想成立，那么，我们应该可以观察到在各个污水处理厂获得清洁水项目资助后，其所在流域的下游水体中的污染物浓度降低。研究人员用计量模型实证检验了上述猜想。得益于不同地区清洁水项目的实施时间、实施进度和实施规模差异，经验模型中的因果判断成为可能。研究结果显示，平均意义上，每一个清洁水项目的资助可以使得其所资助的污水处理厂的下游水域中的化学需氧量浓度降低 0.7%，其中化学需氧量是一种主要的水体污染物。依照同样的方法，研究人员逐次分析了清洁水项目的资助对其他主要水体污染程度指标的影响，并发现《清洁水法案》可以在上述所有维度上缓解水体污染问题。进一步地，研究人员通过技术手段将上述因果关系转化为标准化的成本有效性估计，他们的结论是，平均每 150 万美元的投入可以改善一英里河道的水质，使其达到《清洁水法案》设定的可捕捞、可垂钓的标准。此外，研究人员还发现，应用于城市的清洁水项目具有溢出效应，也就是说，源自清洁水项目的投资可以进一步引致其他来源的资金投入至污水处理行业。这种溢出效应的存在可以进一步提高《清洁水法案》之下投资的成本有效性。然而，以 150 万美元的投入换取一英里河道水质的改善，这是不是成本–收益有效的做法呢？回答这一问题，我们还需要进一步评估水质改善带来的社会收益水平。

社会收益：为了衡量《清洁水法案》下，水质改善带来的社会福利改进，Keiser 和 Shapiro 利用特征定价模型分析了各流域居民对水质改善的支付意愿。具体地说，这一特征定价模型利用了美国房地产市场中的数据，通过观察水质改善后相关水域周围房屋价格的变化，来分离出居民对水体质量这一环境品的边际支付意愿。研究人员估计了 1970 年、1980 年、1990 年和 2000 年四个截面上，污水处理厂累计获得的清洁水项目资助数量分别对其下游水域 0.25 英里、1 英里和 25 英里半径范围内平均房屋价格的影响。估计结果显示，因为《清洁水法案》显著改善了流域水质，相关污水处理厂下游的 25 英里半径范围内的平均房屋价格相应提高了 0.024%。

成本–收益分析：综合上述《清洁水法案》的成本和收益估计结果，研究人员对这一环保政策进行了成本–收益分析。其考虑的成本包括：①美国联邦政府和当地政府的资金投入；②该项目大约三十年的运营维护费用。项目收益则完全通过水质改善带来的房产价值增加来体现。经过成本–收益分析，研究人员发现清洁水法案的收益–成本比例为 0.25。这说明，该政策的社会收益不足以弥补其成本，因而政策实施会降低，而不是增加美国社会的总体福利。

进一步地，研究人员将上述成本–收益分析具体到美国每个郡县。不难发现，《清洁水法案》带来的相对收益较高的郡县多数集中于人口稠密的东西海岸地区，但这些地区的收益–成本比例仍然仅为 0.4 左右，远小于阈值 1。

Keiser 和 Shapiro 讨论了《清洁水法案》的收益–成本比例较小的几个可能原因。其一，流域水质改善和相应的地下水质改善并不是易于观察到的生态环境变化。因此，即使这样的改变已经实际发生，人们也可能既不能直接观察到上述改善，也不能通过其他信息渠道来获知上述改善。在信息缺失情况下，《清洁水法案》的收益就无法被完备地体现在房屋价格变化中。其二，《清洁水法案》除了带来流域水质改善外，它同时伴随着城市相关税费，如排污费的增加。地方税费增加会降低当地的房屋价格。因此，房屋价格变化反映的是这两股力量（由水质改善带来的居住环境改善和税费增加）共同作用的结果，这一综合结果在程度上低于单独由水质改善带来的社会收益。其三，这项研究仅关注了水质改善流域 25 英里半径范围之内的房屋价格变化情况，也就是说，研究人员仅在部分地理区域内考察了水质改善带来的社会收益，这一部分的收益必然小于该政策的真实社会收益。其四，运用特征价格模型，研究人员实际上评估的是水质改善的使用价值，而并没有考虑水资源的非使用价值。上述四点原因都会造成《清洁水法案》的社会收益被低估。

关于目前评估中《清洁水法案》社会收益较低的问题，Keiser 等（2019）继续了这一讨论。他们的讨论指向了现有模型应用于环境收益评估时的缺陷。就综合评估模型（integrated assessment models，IAM）而言，其关键技术参数的选取都是基于早期污染物仿真模拟的结论，而这些结论中的大部分早已被推翻或修正。那么，基于过时的综合评估模型估计得到的水质改善的社会收益显然是不准确的。另外，大部分综合评估模型忽略了水体系统和经济社会系统的互动关联，这也将导致这些模型的评估结果出现偏误。就计量评估方法而言，限于数据的可获得性，相关研究只能将其所考虑的社会收益局限在部分地区（如特定城市或城市群，相关水域 25 英里半径范围之内等）和部分领域（如体现于房屋价格中的社会收益，体现于劳动力市场中的社会收益等）之内，而无法通盘考量一项环保政策的其他社会收益（如环境品的非使用价值，水质改善带来的居民健康状况改善等）。因此，基于计量经济分析的结论必然低估环保政策的社会收益。

总的来说，不同于各界对《清洁空气法案》的成本-收益有效性的全面肯定，《清洁水法案》的经济有效性备受争议。针对该法案进行成本-收益分析的工作也并没有完全结束。大量研究人员仍试图通过不同的方法改进现有评估过程和结论。

5.5 小结

尽管本章分析了成本-收益分析的诸多缺陷，但我们仍想提醒读者，成本-收益分析是公共政策评估中最成熟、最常用的方法之一。在环保政策评估领域，成本-收益分析可以帮助我们明确识别人类经济活动的各项环境影响，评估环境品的社会价值，并将环境影响系统性地纳入统一框架，为决策者提供具有内部一致性的分析工具。但是，在成本-收益分析框架内，我们允许环境资本和社会资本相互交换，并服从以人为本的功利主义价值观，这违背了强可持续发展原则和生物中心主义原则，因而成本-收益分析方法也往往受到极端的环保主义者的批评。同时，成本-收益分析往往以提高社会总体福利水平为目标，这种以经济效率为导向的做法可能会导致环境福利分配公平的缺失，这既包括环境福利在不同社会群体间分配的公平，也包括环境福利在不同代际间分配的公平。

尽管如此，大多数经济学家依然认同将成本-收益分析作为政策评价的基础性工具之一，引导政策制定。因为它至少为政策制定者提供了一个很好的思维模式和讨论起点。下面我们引用经济学家 Arrow 等（1996）对成本–收益分析的实操性建议，供读者参考。

（1）政策制定者不应排斥定量评估环保政策的成本与收益这一做法，建议其在决策过程中尽量使用成本–收益分析框架。

（2）一般公共政策都涉及财政支出的机会成本，因此，成本–收益分析应当作为决定公共政策的最基础环节。

（3）实施成本–收益分析的机构不应当与所评估的环保政策有利益关系，因为这会导致政策决策具有倾向性，影响政策的公平性。

（4）在成本–收益分析中，我们应尽可能对各项成本和收益做定量估计，但同时也要考虑环境与经济系统的不确定性对上述估计的潜在影响，从而给出一个具有参考价值的净现值范围。值得注意的是，过度精确的净现值估计结果不一定具有更高的价值，反而可能会误导决策。

（5）成本–收益分析的实践流程要不断优化和标准化，这些优化和标准化的过程本身应该经过外部公开审核，从而尽量避免之前提到的机构公正性问题。

（6）实践成本–收益分析的机构应该建立起相对一致的分析框架、分析假设，以及关键参数选择原则，这些参数包括折现率、统计生命价值、健康的经济价值等，以此保障各项政策方案评估标准一致。

（7）成本–收益分析结果中应包含环境政策对福利分布的影响，以便于研究人员或政策制定者明晰相关政策的获益方和受损方。

本章参考文献

Adler M D. 2016. Benefit-cost analysis and distributional weights: an overview. Review of Environmental Economics and Policy, 10（2）: 264-285.

Arrow K J, Cropper M L, Eads G C, et al. 1996. Is there a role for benefit-cost analysis in environmental, health, and safety regulation? Science, 272（5259）: 221-222.

Cline W R. 1996. The impact of global warming of agriculture: comment. The American Economic Review, 86（5）: 1309-1311.

Darwin R. 1999. The impact of global warming on agriculture: a Ricardian analysis: comment. The American Economic Review, 89（4）: 1049-1052.

Dasgupta P. 2008. Discounting climate change. Journal of Risk and Uncertainty, 37（2）: 141-169.

Fleurbaey M, Abi-Rafeh R. 2016. The use of distributional weights in benefit-cost analysis: insights from welfare economics. Review of Environmental Economics and Policy, 10（2）: 286-307.

Hanley N, Shogren J F, White B. 2001. Introduction to Environmental Economics. New York: Oxford University Press.

Keiser D A, Kling C L, Shapiro J S. 2019. The low but uncertain measured benefits of US water quality policy. Proceedings of the National Academy of Sciences, 116（12）: 5262-5269.

Keiser D A, Shapiro J S. 2019. Consequences of the Clean Water Act and the demand for water quality. The Quarterly Journal of Economics，134（1）：349-396.

Mendelsohn R，Nordhaus W D，Shaw D. 1994. The impact of global warming on agriculture：a Ricardian analysis. The American Economic Review，84（4）：753-771.

Mendelsohn R，Nordhaus W. 1996. The impact of global warming on agriculture：reply. The American Economic Review，86（5）：1312-1315.

Mendelsohn R，Nordhaus W. 1999. The impact of global warming on agriculture：reply. The American Economic Review，89（4）：1046-1048.

Mendelsohn R，Nordhaus W. 1999. The impact of global warming on agriculture：a Ricardian analysis：reply. The American Economic Review，89（4）：1053-1055.

Nordhaus W D. 2007. A review of the Stern Review on the economics of climate change. Journal of Economic Literature，45（3）：686-702.

Peirce J J，Vesilind P A，Weiner R F. 1998. Environmental Pollution and Control. 4th edn. Boston：Butterworth-Heinemann.

Quiggin J，Horowitz J K. 1999. The impact of global warming on agriculture：a Ricardian analysis：comment. The American Economic Review，89（4）：1044-1045.

Ramsey F P. 1928. A mathematical theory of saving. The Economic Journal，38（152）：543-559.

Weitzman M L. 2001. Gamma discounting. The American Economic Review，91（1）：260-271.

专有名词中英文对照表

禀赋效应：endowment effect
差异化商品：differentiated goods
陈述性偏好法：stated preference method
成本-收益分析：cost-benefit analysis
出价：bid
出价函数：bid function
存在价值：existence value
非使用价值：non-use value
非市场品：non-market goods
功利主义：utilitarianism
功利主义价值：utilitarian value
环境品：environmental goods
叫价：offer
叫价函数：offer function
揭示性偏好法：revealed preference method
竞底：racing to the bottom
离散选择实验法：discrete choice experiment
利他主义价值：altruistic value
旅行成本：travel cost
旅行成本法：travel cost method
内涵价格函数：implicit price scheme
内在价值：intrinsic value
期权价值：option value
清洁空气法案：Clean Air Act
人类中心主义：anthropocentrism
生物中心主义：biocentrism

使用价值：use value

收入效应：income effect

受偿意愿：willingness to accept，WTA

随机效用模型：random utility model

损失厌恶：loss aversion

特征价格法：hedonic price method

特征价格函数：hedonic price schedule

特质分拣：sorting

条件价值评估法：contingent valuation method

统计生命价值：value of statistical life

细颗粒物：$PM_{2.5}$

现状偏误：status quo bias

遗产价值：bequest value

遗漏变量：omitted variable

支付意愿：willingness to pay，WTP

总悬浮颗粒物：total suspended particles